Mathematik mit CAS

Arbeitsheft für Schülerinnen und Schüler

Jahrgangsstufe 11

Bayern

Entwickelt von Mitgliedern
des bayerischen **CAS-Modellprojekts M³**

Cornelsen

Inhaltsverzeichnis

* Durch CAS: Lehrplan-Vertiefung möglich.

Vorwort

Liebe Nutzerin, lieber Nutzer,

das vorliegende Arbeitsheft wird Sie auf dem Weg zum CAS-Abitur in Bayern begleiten.
Die wesentliche Voraussetzung für ein erfolgreiches Bestehen des CAS-Abiturs ist – neben der sicheren Beherrschung der zugrunde liegenden Mathematik – der souveräne Umgang mit den Möglichkeiten des CAS-Rechners. Diese Souveränität stellt sich sehr schnell ein, wenn das Gerät regelmäßig genutzt wird.
Demgemäß haben sich die Autorinnen und Autoren dieses Arbeitsheftes bemüht, zu sämtlichen in diesem Schuljahr vorgegebenen Themenkomplexen mannigfaltige Angebote zu entwickeln, bei denen der CAS-Rechner sinnvoll eingesetzt werden kann.
Dieses Heft will sowohl Arbeitsheft als auch Wissensspeicher sein. Sie finden im Heft Platz für Eintragungen, die Sie bei der Bearbeitung der Aufgaben führen und unterstützen sollen, sich aber auf das Wesentliche beschränken. Weitere Teile der Arbeit werden Sie gegebenenfalls ganz in Ihrem CAS durchführen.
Das Heft setzt kein bestimmtes CAS-System voraus! Unter **www.cornelsen.de/cas** finden Sie neben **Lösungen zur Selbstkontrolle** insbesondere auch Hinweise und Beispiele, die Sie bei der Nutzung der unterschiedlichen Rechner-Systeme am Markt unterstützen.

Die Strukturlemente in diesem Arbeitsheft

Erläuterungen zu sinnvollen Sozialformen.

Hier entsteht schrittweise Ihr eigenes Handbuch für die Abiturvorbereitung.

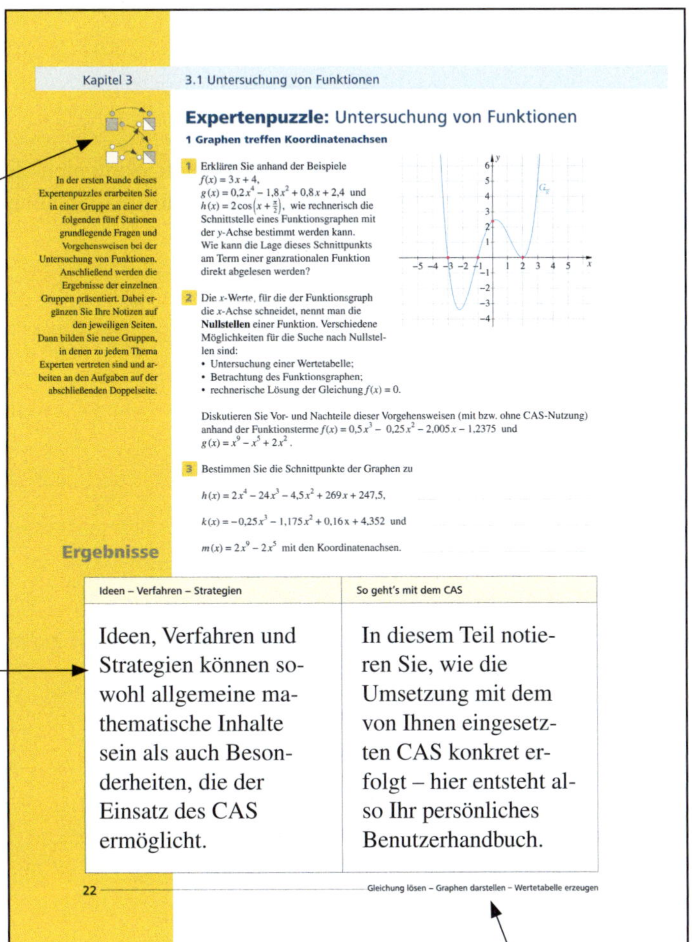

Liste mit den CAS-Kompetenzen, die in diesem Abschnitt erworben werden können.

Umgang mit den Mediencodes im Buch

Im Heft finden Sie an einigen Stellen Mediencodes der Form: 016-1
Diese signalisieren Zusatzangebote in unserem Online-Portal.

1. Die Seite **www.cornelsen.de/cas** aufrufen
2. Buchkennung des Arbeitsheftes eingeben: **MCS9149**
3. Mediencode eingeben: z. B. 016-1

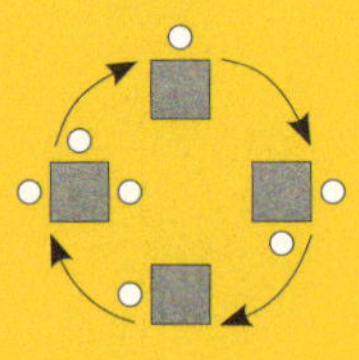

Eine der Stationen 1,2,3 muss bearbeitet werden. Die Station 4 ist eine Pflichtstation. Station 5 und 6 sind Wahlstationen.

Stationenlernen: Lokales Differenzieren

Station 1 Alles kostet seinen Preis

Eine Kostenfunktion K beschreibt die Kosten, die bei einer produzierten Menge x einer Ware anfallen. In der Betriebswirtschaftslehre spricht man gerne allgemein von Geldeinheiten (GE) und Mengeneinheiten (ME). Für die Kosten stehen folgende Daten zur Verfügung:

$\frac{x}{\text{ME}}$	5	10	15	20	25	30	35
$\frac{K(x)}{\text{GE}}$	20	32,5	41	58,5	81	108	141,3

1 Wie stark ändern sich die Kosten, wenn die Produktion von 10 ME auf 20 ME bzw. von 30 ME auf 35 ME erhöht wird?

2 Begründen Sie, weshalb sich die beiden vorher berechneten Werte nicht direkt vergleichen lassen. Machen Sie Vorschläge, wie Sie vergleichbare Werte erhalten könnten.

CAS-Tipp
Sie können dynamische Geometrie verwenden oder Regression.

3 Bestimmen Sie den Term einer quadratischen Funktion $K(x)$, die die gegebenen Werte für die Kosten möglichst gut darstellt.

4 Wie stark ändern sich die Kosten im Bereich um 30 ME? Verwenden Sie $K(x)$, um in einer Tabelle die mittleren Änderungen $\frac{\Delta K}{\Delta x}$ der Kosten in den Intervallen $[30; 30 + \Delta x]$ für verschiedene Δx darzustellen.

Δx							
mittlere Änderung in $[30; 30 + \Delta x]$							

5 Beschreiben Sie die mittlere Kostenänderung $\frac{\Delta K}{\Delta x}$ im Intervall $[x; x + \Delta x]$ mit einem Term.

Wie verhält sich $\frac{\Delta K}{\Delta x}$ für $\Delta x \rightarrow 0$? Untersuchen Sie das, indem Sie verschiedene Werte für Δx wählen und geeignete Tabellen bzw. graphische Darstellungen erzeugen.

Ergebnisse

Ideen – Verfahren – Strategien	So geht's mit dem CAS

Station 2 Am Tropf

Einem Patienten wird über eine Infusion („Tropf") ein Medikament tröpfchenweise in den Blutkreislauf zugeführt. Mit jedem Tropfen erhöht sich die Medikamentenmenge im Körper, zugleich beginnen aber Leber und Niere, die Substanz wieder auszuscheiden.
Folgende Tabelle gibt die Menge *M* des Medikaments im Blut in mg nach der Zeit *t* in Minuten an:

t in min	5	10	20	30	40	60	80	90
M in mg	4,8	9	16,6	22,8	27,3	35,0	39,0	41,0

1 Fertigen Sie ein Punktdiagramm an.

2 Erstellen Sie eine Übersicht mit der jeweiligen Änderung der Medikamentenmenge in den Teilintervallen [5; 10], [10; 20], … Interpretieren Sie diese Werte!

3 Die mittlere Änderung der Medikamentenmenge im Intervall [5; 10] ist $\frac{9-4,8}{10-5}$ in mg/min.
Berechnen Sie dementsprechend die mittleren Änderungen in den anderen Teilintervallen. Interpretieren Sie diese Werte und vergleichen Sie ihre Aussagekraft mit den in Aufgabe 2 berechneten.

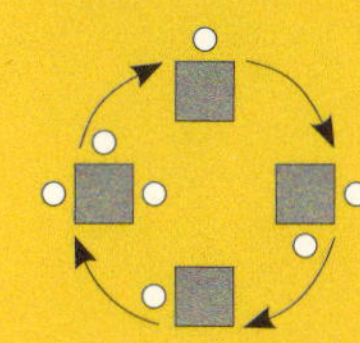

4 Bestimmen Sie eine Funktion, die die Medikamentenmenge im Blut möglichst gut beschreibt. Begründen Sie Ihre Wahl des Funktionstyps.

CAS-Tipp
Sie können auch Regression verwenden.

5 Zeichnen Sie den Graphen der von Ihnen bestimmten Funktion in das Koordinatensystem aus Aufgabe 1 ein.

6 Stellen Sie die in Aufgabe 3 berechneten mittleren Änderungen grafisch dar und interpretieren Sie die Grafik.

Ergebnisse

Ideen – Verfahren – Strategien	So geht's mit dem CAS

Station 3 In Bewegung

In einer Stroboskop-Aufnahme wurde die Bewegung eines Balles festgehalten: In einer Langzeitbelichtung wurde im Abstand von je 1 s der Ball beleuchtet und somit auf dem Bild sichtbar. Bei der ersten Aufnahme zum Zeitpunkt $t = 0$ befand sich der Ball bei der Markierung 4 m.

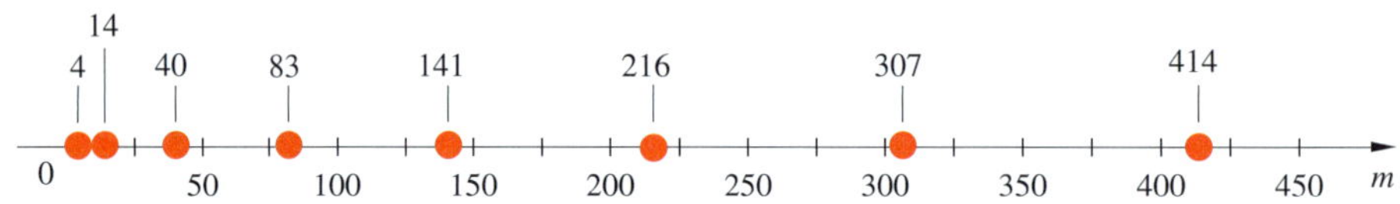

1 Beschreiben Sie die Bewegung dieses Balles in Worten.

CAS-Tipp
Verwenden Sie absolute Zellbezüge, um nur an einer Stelle eine Formel eingeben zu müssen!

2 Überprüfen Sie Ihre Aussagen aus Aufgabe 1, indem Sie Sie in einem Tabellenblatt die mittlere Geschwindigkeit während der 1., 2., 3., ... Sekunde, während der ersten 3 und während der folgenden 3 Sekunden sowie während der gesamten Messzeit ermitteln.
Bestimmen Sie näherungsweise die mittlere Geschwindigkeit im Zeitintervall $[3; 3 + \Delta t]$ für $\Delta t \in \{-3; -2; -1; 1; 2; 3\}$. Wie könnte man mit einem ähnlichen Vorgehen die Momentangeschwindigkeit zum Zeitpunkt $t = 3$ erhalten? Welchen Wert vermuten Sie für diese Momentangeschwindigkeit? Welchen Wert vermuten Sie für die Momentangeschwindigkeit zum Zeitpunkt $t = 3$?

Δt						
mittlere Geschwindigkeit in $[3; 3 + \Delta t]$ bzw. $[3 + \Delta t; 3]$						

3 Machen Sie sich am Beispiel Zeitpunkt $t = 3$ den Unterschied zwischen Momentangeschwindigkeit und mittlerer Geschwindigkeit während einer Zeitspanne klar.
Bestimmen Sie näherungsweise die mittlere Geschwindigkeit im Zeitintervall $[3; 3 + \Delta t]$ für $\Delta t \in \{-3; -2; -1; 1; 2; 3\}$ und stellen Sie sie übersichtlich dar. Welchen Wert vermuten Sie für die Momentangeschwindigkeit zum Zeitpunkt $t = 3$?

Δt						
mittlere Geschwindigkeit in $[3; 3 + \Delta t]$						

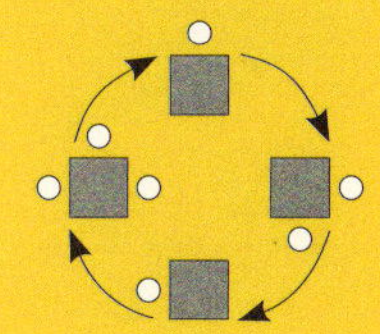

4 Die Bewegung aus obigem Bild lässt sich durch die Zeit-Ort-Funktion $y(t) = 4{,}2 + 1{,}79\,t + 8{,}1\,t^2$ beschreiben. Ermitteln Sie mit Ihrem Funktionenplotter den Graph dieser Funktion für $0 \le t \le 10$.

CAS-Tipp
Informieren Sie sich, wie Sie mit Ihrem CAS die Steigung einer Geraden messen können.

5 Legen Sie auf dem Graph aus Aufgabe 3 den festen Punkt $P(3\,|\,?)$ und einen Punkt $Q(t_Q|y_Q) \neq P$ fest. Zeichnen Sie die Sekante und messen Sie ihre Steigung. Bewegen Sie Q und messen Sie wieder. Vergleichen Sie Ihre Werte mit den Werten aus Aufgabe 3.

6 Ermitteln Sie in einem Rechenblatt rechnerisch den Grenzwert, der sich für $\frac{\overline{QZ}}{\overline{PZ}}$ für $Q \to P$ ergibt. Können Sie Ihre Vermutung aus Aufgabe 3 bestätigen?

Ergebnisse

Ideen – Verfahren – Strategien	So geht's mit dem CAS

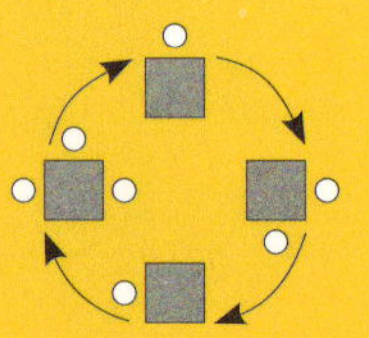

CAS-Tipp
Definieren Sie eine Variable für die Sekantensteigung.

Station 4 Berührt, nicht geschnitten

1 Erstellen Sie mit Ihrem Funktionenplotter den Graph zu $f: x \mapsto x^2 + 4$ für $-1 \leq x \leq 7$. Legen Sie darauf zwei verschiedene Punkte P und Q fest und konstruieren Sie Z wie in nebenstehender Grafik gezeigt.

Tragen Sie auch die Sekante PQ ein. Messen Sie $\overline{PZ}$ und $\overline{QZ}$ und ermitteln Sie daraus die Steigung dieser Sekante.

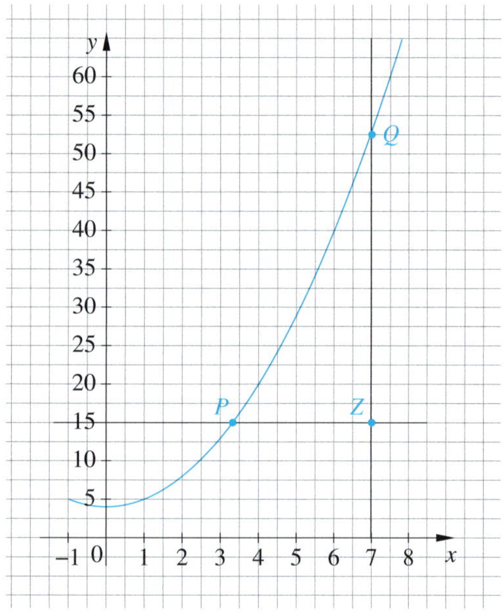

2 Bestimmen Sie die Steigung der Sekante PQ rechnerisch aus den Koordinaten der Punkte P und Q und vergleichen Sie mit dem Wert aus Aufgabe 1.
Geben Sie einen Term an, mit dem sich die Steigung einer Sekante durch zwei beliebige Graphenpunkte bestimmen lässt.

3 Halten Sie $P(3 \mid f(3))$ fest und bewegen Sie Q auf dem Graphen. Beobachten Sie, wie sich die Sekantensteigung verändert. Bewegen Sie Q auch über P hinaus.
Was beobachten Sie, wenn sich der Punkt Q dem Punkt P annähert?

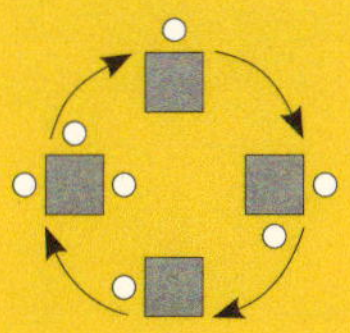

4 Finden Sie einen Term, der den Grenzwert der Sekantensteigungen beschreibt und finden Sie so den Grenzwert m_P für $Q \to P$ rechnerisch.

Tipp
Beschreiben Sie diese Annäherung, indem Sie die Koordinaten von Q durch $x_Q = 3 + h$ und $y_Q = f(x_Q) = f(3 + h)$ beschreiben. Was ergibt sich damit für $\overline{QZ}$ und $\overline{PZ}$?

5 Tragen Sie eine Gerade durch P mit dieser Steigung m_P ein. Diese Gerade bezeichnet man als Tangente an G_f im Punkt P. Wieso wurde dieser Name gewählt?

Durch welche Gleichung lässt sich die Gerade in diesem Beispiel beschreiben?

6 Finden Sie nun einen Punkt $R \in G_f$ so, dass $m_R = -\sqrt{2}$ ist. Suchen Sie zunächst einen Schätzwert durch Ausprobieren am Graphen und bestätigen Sie ihn rechnerisch.

CAS-Tipp
Informieren Sie sich, wie Sie mit Ihrem CAS die Tangente in einem Graphenpunkt zeichnen lassen können.

geschätzt:

Ergebnisse

Ideen – Verfahren – Strategien	So geht's mit dem CAS

Station 5 Fast gerade

1 Erstellen Sie den Graphen der Funktion $x \mapsto x^2$ mit dem CAS.

Wählen Sie eine beliebige Stelle und zoomen Sie in eine Umgebung dieser Stelle.
Erzeugen Sie dann im Grafikfenster eine Gerade, die die Parabel in dieser Umgebung gut annähert.

2 Machen Sie Ihre Zoom-Einstellung rückgängig. Skizzieren Sie Ihre Beobachtungen.

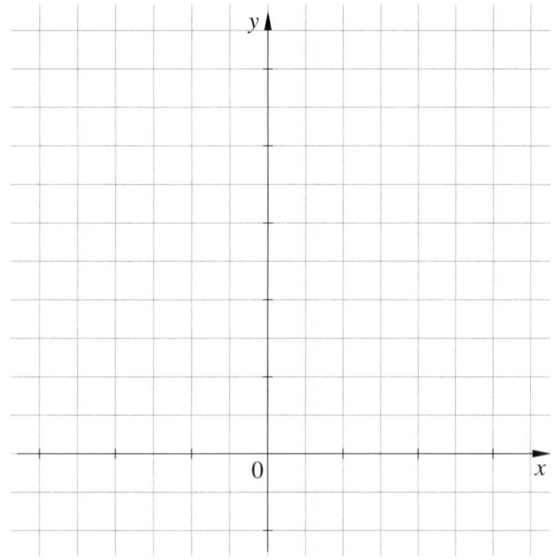

3 Untersuchen Sie ebenso andere Stellen und andere Funktionen. Wählen Sie insbesondere auch die Betragsfunktion an der Stelle 0 und die Funktion $|x^2 - 2|$ an den Stellen $\pm\sqrt{2}$.

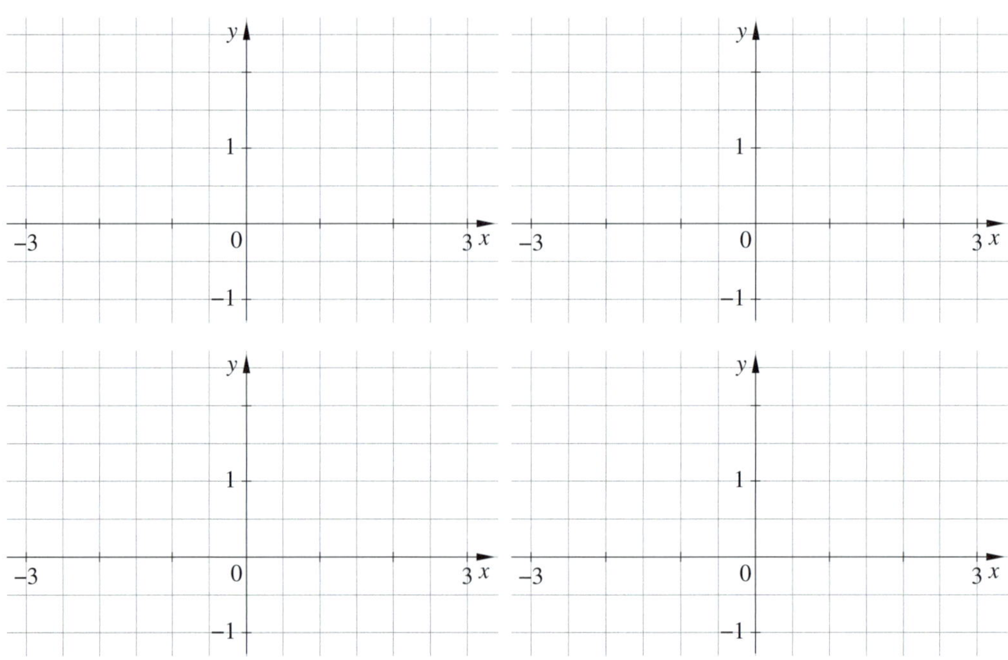

4 Fassen Sie Ihre Beobachtungen zusammen und bereiten Sie sich vor, Ihre Ergebnisse unter Einsatz des Rechners zu präsentieren.

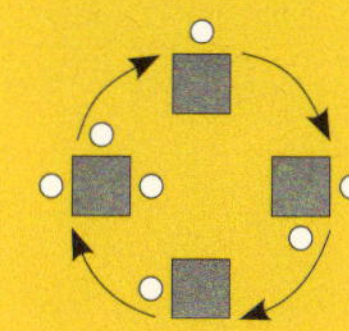

Station 6 Differenzierbare Funktionen

1 Betrachten Sie $g: x \mapsto |\sin(x)|$ und versuchen Sie die Tangente an G_g im Punkt $P(\pi | g(\pi))$ zu bestimmen. Welches Problem ergibt sich hier?

2 Finden Sie weitere Funktionen, die nicht auf ihrer ganzen Definitionsmenge differenzierbar sind. Schlagen Sie gegebenenfalls den Begriff „differenzierbar" in Ihrem Lehrbuch oder Ihren Unterlagen aus dem Unterricht nach. Notieren Sie zwei Beispiele.

3 Gegeben ist $f: x \mapsto \begin{cases} 3x+2 & \text{für } x \leq 2 \\ x^2+bx+c & \text{für } x > 2 \end{cases}$ mit $D = \mathbb{R}$. Es gibt Werte für b und c, so dass f auf seiner ganzen Definitionsmenge keine Sprungstellen hat (man sagt auch: stetig ist), und differenzierbar ist? Kontrollieren Sie Ihr Ergebnis grafisch mit dem Funktionenplotter.

a) Um diese Werte zu finden, überlegen Sie sich, gegen welche Werte die Funktionswerte und Tangentensteigungen bei Annäherung an die Nahtstelle von links bzw. rechts gehen. Formulieren Sie dann zwei Gleichungen und finden Sie so die gesuchten Werte.

b) Kontrollieren Sie Ihr Ergebnis mit dem Funktionenplotter grafisch.

CAS-Tipp
Informieren Sie sich, wie Sie in Ihrem CAS-Rechner abschnittsweise definierte Funktionen eingeben können.

4 Bearbeiten Sie ebenso wie Aufgabe 3:

a) Gegeben ist $g: x \mapsto \begin{cases} x+3 & \text{für } x > -1 \\ ax^2+c & \text{für } x \leq -1 \end{cases}$ mit $D = \mathbb{R}$. Bestimmen Sie a und c.

b) Gegeben ist $k: x \mapsto \begin{cases} ax-1 & \text{für } x > 1 \\ x^2+bx & \text{für } x \leq 1 \end{cases}$ mit $D = \mathbb{R}$. Bestimmen Sie a und b.

Schnell – schneller – zu schnell?
Geschwindigkeit eines Körpers

Die Zeit-Ort-Kurve eines Körpers wird mathematisch mit der stückweise definierten Funktion f genähert.

$$f(x) = \begin{cases} 0{,}8x & \text{für } 0 < x < 5 \\ 0{,}2x^3 - 3{,}8x^2 + 23{,}8x - 45 & \text{für } x \geq 5 \end{cases}$$

In dieser mathematischen Form steht die Variable x für die Zeit und $f(x)$ für den Ort des Körpers zum Zeitpunkt x. Bekanntlich erhält man aus der Steigung des Orts-Graphen die Geschwindigkeitsinformation des Körpers.

Mit einem CAS lassen sich diese Eigenschaften gut untersuchen.

1 Zeichnen Sie mit einem CAS den Graphen der Funktion f für $0 < x < 10$.

CAS-Tipp
Nachdem der Graph gezeichnet wurde, könnten z. B. die Tangenten als Gerade $ax + b$ eingezeichnet und dann variiert werden oder mit einer geeigneten Funktion Tangenten selbst geeignet positioniert werden und deren Steigungen dann mit Messfunktionen angezeigt werden.

2 Legen Sie mit CAS-Hilfe nun an den folgenden Stellen Tangenten an.
Ermitteln Sie jeweils deren Steigung m und tragen Sie diese in die Tabelle ein:

x	0	1	2	3	4	5	6	7	8	9	10
m											

3 Zeichnen Sie nun mit dieser Wertetabelle den Graphen für diese Steigungsfunktion.
Sie wird *Ableitungsfunktion* f', genannt.

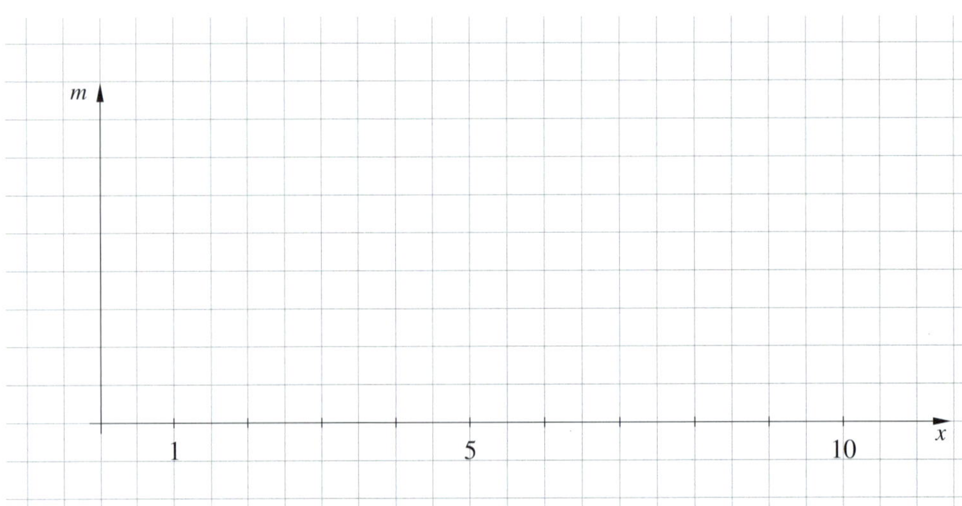

CAS-Tipp
Ableitungsfunktionen schreibt man
$f'(x) = \frac{d}{dx} f(x)$
Möglicher Befehl: diff($f(x)$,x)

4 Mit einem CAS kann man den Term der Ableitungsfunktion f' direkt aus dem Funktionsterm $f(x)$ berechnen. Bestimmen Sie die Ableitungsfunktion f'. Lassen Sie deren Graph zeichnen und vergleichen Sie ihn mit Ihrer eigenen Zeichnung!

Grafisches Training

Für ein tiefgehendes Verständnis von Steigungsverhalten und Ableitungsfunktionen ist ein geschulter Blick unverzichtbar.

1 Gegeben sind die folgenden beiden Graphen:

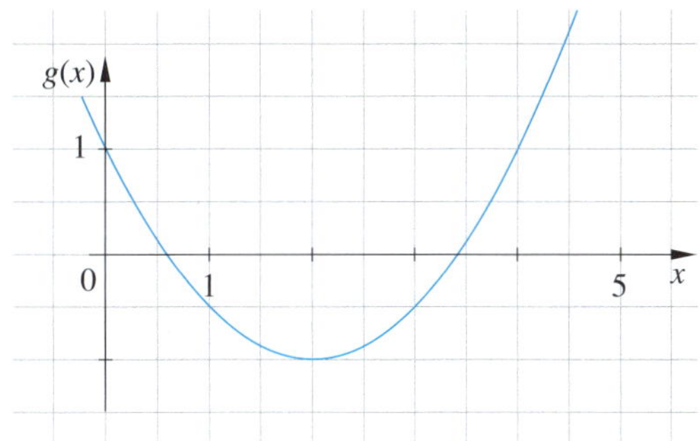

a) Zeichnen Sie die Graphen der entsprechenden Ableitungsfunktionen f' bzw. g'. Achten Sie dabei auf die Vorzeichen der Steigung!

Das müssen Sie auch ohne CAS können!

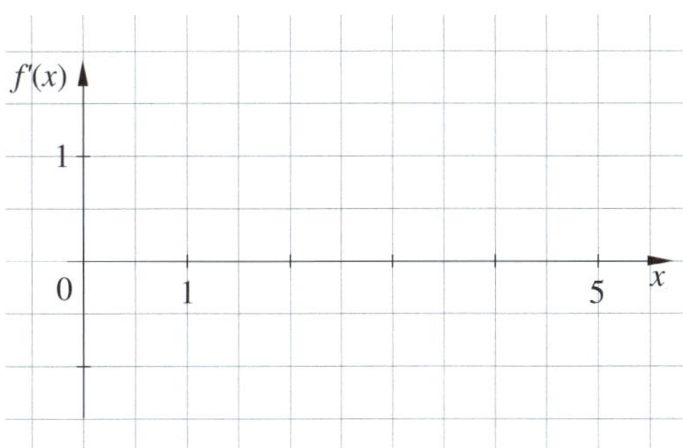

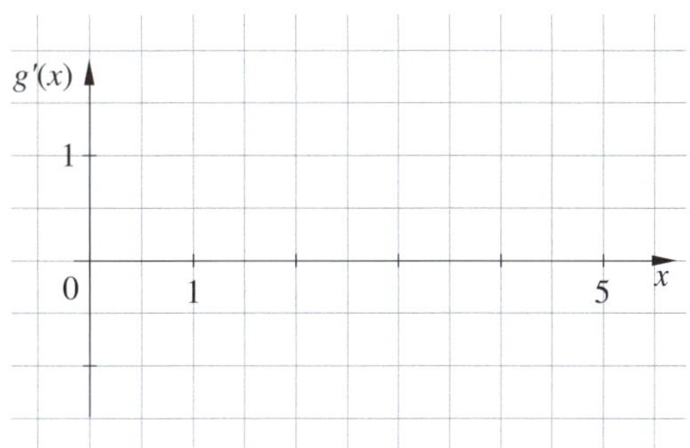

b) Zeichnen Sie nun die Graphen der Funktionen, die abgeleitet f bzw. g ergeben. Solche Funktionen nennt man *„Stammfunktionen"* von f bzw. g.

CAS-Tipp
Informieren Sie sich, wie man mit einem CAS Ableitungsfunktionen und Stammfunktionen berechnet und kontrollieren Sie damit Ihre Ergebnisse.

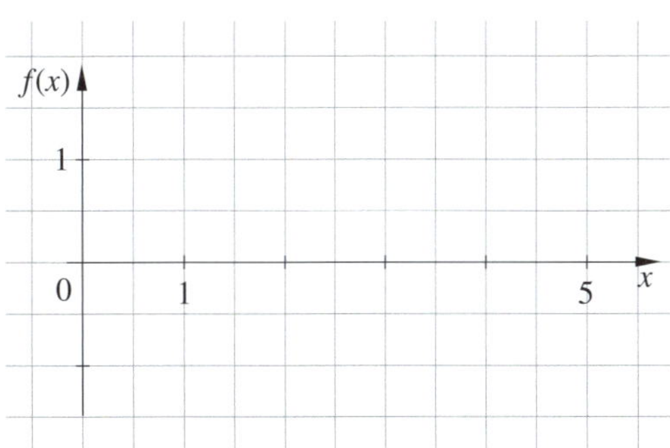

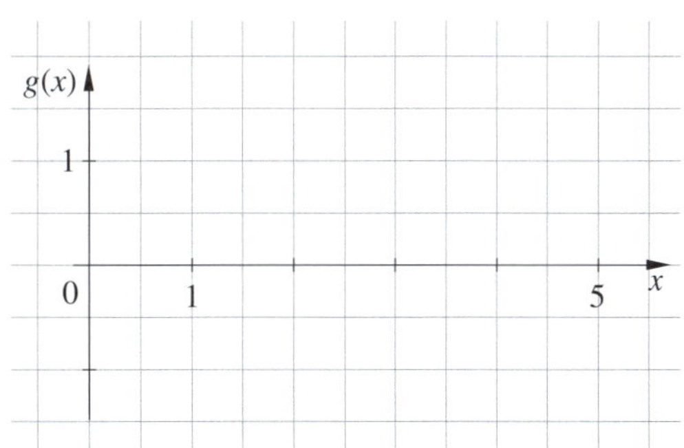

2 Zeichnen Sie mit einem CAS zu folgenden Funktionen jeweils den zugehörigen Graphen. Ermitteln Sie daraus jeweils zeichnerisch den Graph der Ableitungsfunktion und den Graph einer Stammfunktion. Kontrollieren Sie Ihre Ergebnisse mit dem CAS!

a) $h(x) = x^3 - 2x + 2$
b) $i(x) = \sin(x)$
c) $j(x) = -x^4 + 4x^2 - 1$

Überflieger
Der Airbus A380

016-1

Der Airbus A380 ist 80 m breit. Auf seinen Tragflächen hätten sieben 120-m^2-Wohnungen Platz. Er wiegt so viel wie 300 Mittelklassewagen. Ist jedes Auto mit zwei oder drei Personen besetzt, ergibt dies einen vergleichbare Anzahl an Passagieren. Diese Maschine ist in erster Linie ein fliegender Tanklaster – fast die Hälfte des Startgewichts ist Treibstoff. Maximal 311 kN Schub pro Triebwerk beschleunigen das Flugzeug. Daraus lässt sich während der ersten Startphase die Zeit-Ort-Funktion bestimmen:
$s(t) = 1{,}11\,t^2$ (s in Metern, t in Sekunden)

Bemerkung:
Der Luftwiderstand wird hier vernachlässigt, obwohl dieser sicherlich eine entscheidende Rolle spielt!

a) Aus der Physik ist bekannt, dass die Steigung der Zeit-Ort-Funktion ein Maß für die Momentangeschwindigkeit ist. Ermitteln Sie durch Grenzwertbildung, wie groß die Geschwindigkeit des A380 30 Sekunden nach Beginn des Startvorgangs ist.

b) Berechnen Sie unter Verwendung Ihres CAS allgemein den Wert der Geschwindigkeit $v(t_1)$ zu einem beliebigen Zeitpunkt t_1, d. h. den Wert $s'(t_1)$.
Wie lautet folglich die Zeit-Geschwindigkeit-Funktion $v(t)$?

c) Skizzieren Sie die Graphen der Funktionen $s(t)$ und $v(t)$ in nebenstehendes Koordinatensystem.

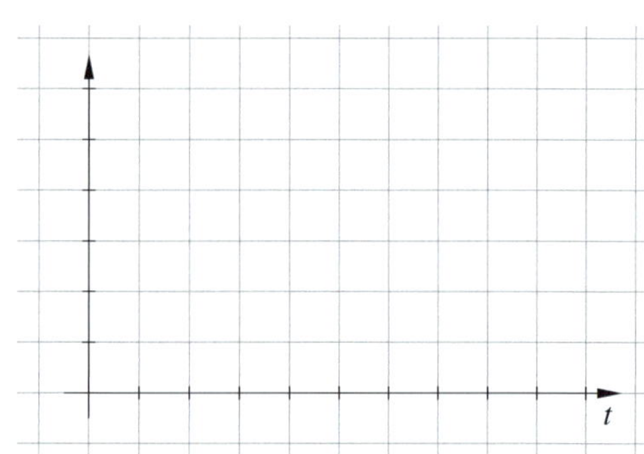

d) Um abzuheben muss der A380 eine Geschwindigkeit von 280 km/h erreichen.
Wie lange dauert es, bis der Airbus diese Geschwindigkeit erreicht hat?
Wie lange muss demnach eine geeignete Startbahn sein?

e) Teilaufgabe d) kann auch grafisch gelöst werden:
Gesucht wird die Stelle a (bzw. der Zeitpunkt), an welcher der Graph G_s die Steigung 78 m/s hat.
Diese Stelle findet man, indem man eine Gerade mit der Steigung 78 so lange parallel verschiebt bis sie Tangente an G_s wird.
Berechnen Sie die Gleichung der Tangente.

Visualisieren – Entdecken – Einüben

1 Die „Differenzenquotienten-Funktion"
Im Folgenden wird die „Differenzenquotienten-Funktion" d mit $d(a, h) = \frac{f(a+h) - f(a)}{h}$ einer Funktion f betrachtet.

Hinweis:
Hierbei handelt es sich um einen Funktionsterm mit zwei Variablen.

a) Zunächst wird die Variable a fest gewählt:
Wählen Sie sich eine beliebige ganzrationale Funktion f aus (z. B. $f(x) = x^3 + 1$; $D_f = \mathbb{R}$) und ermitteln Sie $d(a, h)$.
Erstellen Sie den Graph der Funktion $d(a, h)$ für einen beliebigen Wert des Parameters a, z. B. $d(2, h)$ und betrachten Sie parallel die zugehörige Wertetabelle.
Welche Information liefert Ihnen diese Funktion bzw. deren Graph?

b) Nun wird die Variable h fest gewählt:
Gegeben ist die Funktion f mit $f(x) = \sin(x)$; $D_f = \mathbb{R}$.
Ermitteln Sie $d(a, h)$ und betrachten Sie die Graphen für verschiedene Parameterwerte h (z. B. $d(x, 1)$, $d(x, 0{,}1)$, …).
Wie könnte folglich die Ableitungsfunktion der Sinusfunktion lauten?
Ermitteln Sie analog die Ableitung der Kosinusfunktion.

2 Ableitung von Potenzfunktionen

a) Berechnen Sie durch Grenzwertbildung mithilfe Ihres CAS jeweils den Term der Ableitungsfunktion f' zur Funktion f mit dem angegebenen Funktionsterm ($x \in \mathbb{R}$).

$f_1(x) = x^7$	$f_2(x) = x^{27}$	$f_3(x) = x^{354}$
$f'_1(x) =$ ______	$f'_2(x) =$ ______	$f'_3(x) =$ ______

b) Formulieren Sie eine Regel zur Ableitung einer beliebigen Potenzfunktion mit $f(x) = x^n$.
Überprüfen Sie mithilfe Ihres CAS Ihre Regel (insbesondere für den Fall $n = 0$).

3 Tangentengleichung
Gegeben ist die Funktion f mit $f(x) = \frac{1}{5x} - 3$; $D_f = \mathbb{R} \setminus \{0\}$.
Überprüfen Sie (sowohl grafisch als auch rechnerisch), ob die Funktion t mit $t(x) = -1{,}25x - 2$; $D_t = \mathbb{R}$ Tangente an G_f ist.

Ergebnisse

Ideen – Verfahren – Strategien	So geht's mit dem CAS

Rauf und runter
Monotonieverhalten von Funktionen

1 Formulieren Sie stichpunktartig eine Methode, um die Extremstellen einer Funktion f und deren Monotoniebereiche zu bestimmen.

2 Mit einem CAS soll das Monotonieverhalten der Funktion
$f\colon x \mapsto 0{,}2x^5 - 3x^4 + 14x^3 - 10x^2 - 75x$ mit $D = \mathbb{R}$ untersucht werden.

a) Skizzieren Sie den Graphen geeignet für $x \in [-3;\ 10]$ und verschaffen Sie sich damit einen Überblick über die horizontalen Tangentenstellen sowie das Monotonieverhalten.

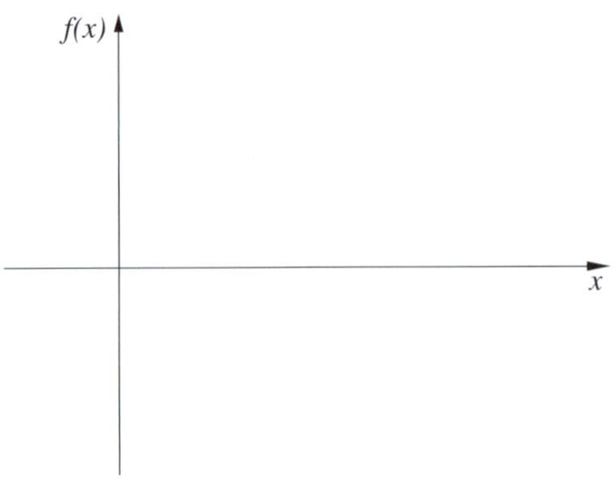

b) Ermitteln Sie mithilfe des Differenzialquotienten die Ableitungsfunktion f'.

c) Faktorisieren Sie nun $f'(x)$

und erstellen Sie damit eine Vorzeichentabelle. Tragen Sie die besonderen Stellen im Diagramm ein.

Bereich:	$x <$	−1	$< x <$	◯	$< x <$	◯	$< x$
(x − 3)							
$f(x)$							
Monotonie							steigend
		◯		TIP		◯	

3 Untersuchen Sie die folgenden Funktionen ebenso auf Monotonie:
$f_1(x) = 0{,}5x^4 - 0{,}5x^3 - 6{,}5x^2 + 12{,}5x - 6$
$f_2(x) = 2x^6 - 20x^5 + 70x^4 - 88x^3 - 18x^2 + 108x - 54$

In der argentinischen Pampa
Monotonie lokal und global

Eine einsame Hügelkuppe kurz vor der argentinischen Pampa …
… und Sie treffen beim Abendspaziergang auf einen einsamen Gaucho mit Sombrero, der Ihnen diesen in Form der Funktion $f\colon x \mapsto \frac{2+x^2}{2x^2+1}$ um die Ohren schlägt.

1 Untersuchen Sie Definitionsbereich, Symmetrie und die Nullstellen des Graphen von f. Bestimmen Sie auch das Verhalten von $f(x)$ für $x \to \infty$.

2 Skizzieren Sie den Graphen von f.

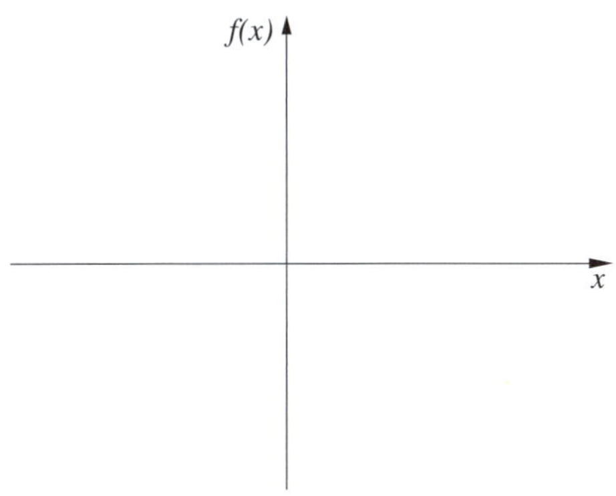

Im Folgenden wird untersucht, ob der Sombrero $f(x)$ noch eine Krempe besitzt…

3 Stellen Sie eine Vermutung über das Steigungsverhalten für sehr große x-Werte ($x \to \infty$) auf.

4 Berechnen Sie mit mithilfe des Differentialquotienten die Ableitungsfunktion f' und skizzieren Sie rechts deren Graph:

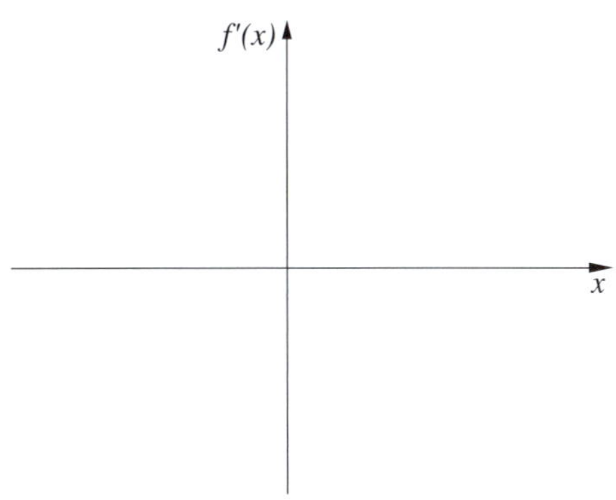

5 Vergleichen Sie das Verhalten der Ableitungsfunktion f' bei $x = 0$ mit ihrem Verhalten für $x \to \infty$.
Begründen Sie damit Ihre Vermutung aus Aufgabe 3 und beschreiben Sie damit den Verlauf des Graphen von f im Unendlichen.

Vermuten? – Veranschaulichen! – Begründen!

In diesem Abschnitt sollen Sie eigentätig die wichtigsten Ableitungsregeln entdecken.
Gegeben sind folgende ganzrationale Funktionen mit jeweils maximaler Definitionsmenge:
$f_1(x) = x^3$; $f_2(x) = x^3 + 1$; $f_3(x) = 2x^3$; $f_4(x) = 2x^3 + x$

1 Addition einer Konstanten

a) Ermitteln Sie die Ableitungsfunktionen zu den Funktionen f_1 und f_2 sowie die Ableitungsfunktion der Funktion $f_a: x \mapsto x^3 + a, a \in \mathbb{R}$.
Welche Regel vermuten Sie?

CAS-Tipp
Verwenden Sie zur Erzeugung der Graphen der Funktion f_a einen Schieberegler.

b) Betrachten Sie die Graphen zu den Funktionen f_1, f_2 und f_a und die Graphen der zugehörigen Ableitungsfunktionen.
Können Sie Ihre Vermutung aus a) bestätigen? Begründen Sie anhand der Graphen Ihre Ableitungsregel! Beschreiben Sie den Einfluss des Parameters a.

c) Mithilfe des Parameters b ($b \in \mathbb{R}$) soll die Funktion f_1 in x-Richtung verschoben werden. Geben Sie den zugehörigen Funktionsterm $f_b(x)$ an und betrachten Sie die Ableitungsfunktionen für verschiedene Parameterwerte b.
Was stellen Sie fest? Geben Sie eine Begründung an!

2 Faktorregel
Stellen Sie für die Funktionen f_1 und f_3 sowie für die Scharfunktion $f_c: x \mapsto c \cdot x^3$; $c \in \mathbb{R}$ zu 1) analoge Überlegungen an.

3 Summenregel
Stellen Sie für die Funktionen f_1 und f_4 sowie für weitere additiv zusammengesetzte Funktionen zu 1) analoge Überlegungen an.

4 Produktregel
Die Funktion f_1 kann auch in der Form $f_1: x \mapsto x \cdot x^2$, d.h. als Produkt zweier Funktionen geschrieben werden.
Informieren Sie sich in Ihrem Schulbuch über die so genannte Produktregel. Vollziehen Sie diese Regel am Beispiel der Funktion f_1 nach und üben Sie diese anhand der Funktion $f_5: x \mapsto x^2 \cdot \sin(x)$ sowie weiterer Beispiele ein (CAS nutzen!).

Ergebnisse

Ideen – Verfahren – Strategien	So geht's mit dem CAS

Üben, üben und nochmals üben

1 Ableitungsfunktionen zuordnen

Verbinden Sie jeweils Funktion und zugehörige Ableitungsfunktion. Was fällt Ihnen auf?

$f_1(x) = 3x^7 + \sin(x)$ $\quad f_2(x) = 3x^4 - 2$ $\quad f_3(x) = \cos(x) - x^2$ $\quad f_4(x) = 5 + 3x^4$

$a_1(x) = -[2x + \sin(x)]$ $\quad a_2(x) = 21x^6 + \cos(x)$ $\quad a_3(x) = 12x^3 - 2$ $\quad a_4(x) = 12x^3$

2 Nun mal umgekehrt

Verbinden Sie jeweils Funktion und zugehörige Stammfunktion. Was fällt Ihnen auf?

$f_1(x) = x^2 + \sin(x)$ $\quad f_2(x) = 3x^4 + 2$ $\quad f_3(x) = \cos(x) - x^2$

$s_1(x) = \frac{3}{5}x^5 + 2x - 1$ $\quad s_2(x) = \sin(x) - \frac{1}{3}x^3$ $\quad s_3(x) = \frac{1}{3}x^3 - \cos(x)$

3 Stammfunktion ermitteln

Gegeben ist die Funktion $f\colon x \mapsto 3x^2 - 20x + 7;\ D_f = \mathbb{R}$.
Ermitteln Sie, für welche Parameterwerte die Funktion F mit $F(x) = ax^b - 10x^2 + cx + d$ eine Stammfunktion von f ist.
Ermitteln Sie grafisch und rechnerisch diejenige Stammfunktion, die durch den Punkt $P(1|3)$ verläuft.

4 Stammfunktionen überprüfen

Gegeben ist die Funktion f mit $f(x) = \frac{4x^6 + 5x^4 - 3x^2 - 36}{x^2 + 3};\ D_f = \mathbb{R}$.

a) Bestimmen Sie mithilfe Ihres CAS Stammfunktionen der Funktion f.

b) Überprüfen Sie die Ergebnisse ohne Verwendung Ihres CAS.

CAS-Tipp
Stammfunktionen schreibt man $\int f(x)\,dx$

Ergebnisse

Ideen – Verfahren – Strategien	So geht's mit dem CAS

In der ersten Runde dieses Expertenpuzzles erarbeiten Sie in einer Gruppe an einer der folgenden fünf Stationen grundlegende Fragen und Vorgehensweisen bei der Untersuchung von Funktionen. Anschließend werden die Ergebnisse der einzelnen Gruppen präsentiert. Dabei ergänzen Sie Ihre Notizen auf den jeweiligen Seiten. Dann bilden Sie neue Gruppen, in denen zu jedem Thema Experten vertreten sind und arbeiten an den Aufgaben auf der abschließenden Doppelseite.

Expertenpuzzle: Untersuchung von Funktionen

1 Graphen treffen Koordinatenachsen

1 Erklären Sie anhand der Beispiele $f(x) = 3x + 4$, $g(x) = 0{,}2x^4 - 1{,}8x^2 + 0{,}8x + 2{,}4$ und $h(x) = 2\cos\left(x + \frac{\pi}{2}\right)$, wie rechnerisch die Schnittstelle eines Funktionsgraphen mit der y-Achse bestimmt werden kann. Wie kann die Lage dieses Schnittpunkts am Term einer ganzrationalen Funktion direkt abgelesen werden?

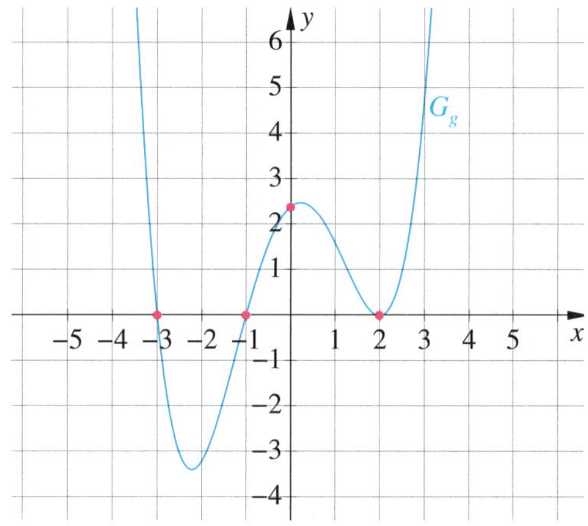

2 Die x-Werte, für die der Funktionsgraph die x-Achse schneidet, nennt man die **Nullstellen** einer Funktion. Verschiedene Möglichkeiten für die Suche nach Nullstellen sind:

- Untersuchung einer Wertetabelle;
- Betrachtung des Funktionsgraphen;
- rechnerische Lösung der Gleichung $f(x) = 0$.

Diskutieren Sie Vor- und Nachteile dieser Vorgehensweisen (mit bzw. ohne CAS-Nutzung) anhand der Funktionsterme $f(x) = 0{,}5x^3 - 0{,}25x^2 - 2{,}005x - 1{,}2375$ und $g(x) = x^9 - x^5 + 2x^2$.

3 Bestimmen Sie die Schnittpunkte der Graphen zu

$h(x) = 2x^4 - 24x^3 - 4{,}5x^2 + 269x + 247{,}5$,

$k(x) = -0{,}25x^3 - 1{,}175x^2 + 0{,}16x + 4{,}352$ und

$m(x) = 2x^9 - 2x^5$ mit den Koordinatenachsen.

Ergebnisse

Ideen – Verfahren – Strategien	So geht's mit dem CAS

2 Erinnerung an Altbekanntes

1 Bestimmen Sie durch Rechnung die Grenzwerte für $x \to \infty$ und $x \to -\infty$ der Funktionen mit den Termen $f(x) = 2x^5 + 3x^4 + x^3 + x^2 + x$ und $g(x) = -2x^4 + 20x^3 - 72x^2 + 108x - 54$.
Begründen Sie Ihre Ergebnisse rechnerisch auch ohne Verwendung des CAS.
Überprüfen Sie Ihre Ergebnisse jeweils anhand der Vorzeichenverteilung der Funktion.

$\lim\limits_{x \to -\infty} f(x) =$ ____________________

$\lim\limits_{x \to \infty} f(x) =$ ____________________

$\lim\limits_{x \to -\infty} g(x) =$ ____________________

$\lim\limits_{x \to \infty} g(x) =$ ____________________

2 Bestimmen Sie durch Rechnung die Grenzwerte für $x \to \infty$ und $x \to -\infty$ der Ableitungsfunktionen der beiden Funktionen f und g und vergleichen Sie die Ergebnisse mit den Grenzwerten der beiden Funktionen.

$\lim\limits_{x \to -\infty} f, (x) =$ ____________________

$\lim\limits_{x \to \infty} f, (x) =$ ____________________

$\lim\limits_{x \to -\infty} g'(x) =$ ____________________

$\lim\limits_{x \to \infty} g'(x) =$ ____________________

3 Untersuchen Sie, gestützt durch geeignete Visualisierungen, am Beispiel der Funktionen mit $f_1(x) = -x^4 + 5x^2 + 3$ und $f_2(x) = \sin(x)$ den Einfluss der Parameter auf die Graphen zu den Funktionstermen $a \cdot f(x)$, $f(x) + b$, $f(c \cdot x)$ und $f(x + d)$.
Beschreiben Sie qualitativ, welchen Einfluss der Parameter Sie auf die jeweiligen Ableitungsfunktionen erwarten, und überprüfen Sie Ihre Vermutungen anhand der Graphen der Ableitungsfunktionen.

Das müssen Sie auch ohne CAS können.

CAS-Tipp
Beherrscht Ihr CAS dynamische Darstellungen, z. B. mithilfe von Schiebereglern?

Ergebnisse

Ideen – Verfahren – Strategien	So geht's mit dem CAS

3 Spieglein, Spieglein ...

1 Untersuchen Sie – grafisch und rechnerisch – die Graphen der Funktionen mit $f(x) = 3x^5 + x^3 - 7x$, $g(x) = x^4 - 2x^2 + x - 5$ und $h(x) = x^3 \sin(x)$ auf Symmetrie zum Koordinatensystem.

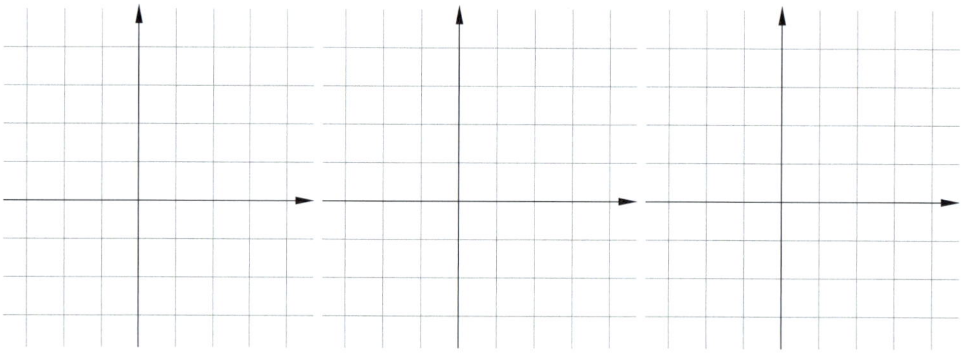

024-1 Dynamische Veranschaulichung.

2 Die beiden rot markierten Punkte auf dem abgebildeten Funktionsgraphen liegen symmetrisch zum grün markierten Punkt $S(5|4)$. Beschreiben Sie diese Lagebeziehung mathematisch unter Verwendung des Funktionsterms $f(x)$. Die roten Pfeile unterstützen Sie dabei.
Der dargestellte Graph ist punktsymmetrisch zu $S(5|4)$. Was für den Abstand 2 gilt, gilt also auch für jeden beliebigen Abstand h. Verallgemeinern Sie den gefundenen mathematischen Ausdruck zu einem Kriterium, mithilfe dessen diese Symmetrie rechnerisch nachgewiesen werden kann.

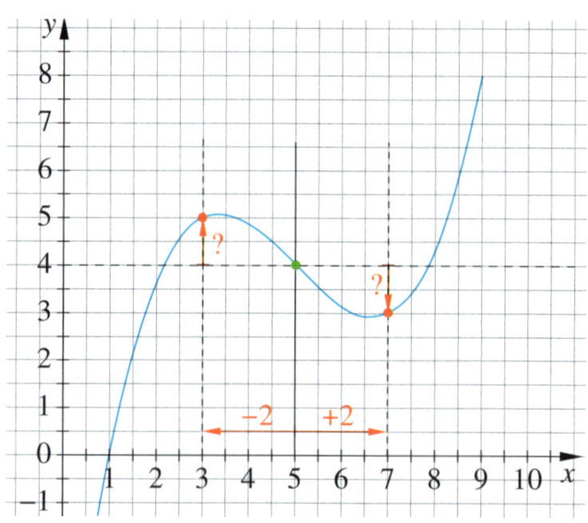

Ergebnis:

024-2 Dynamische Veranschaulichung.

3 Formulieren Sie ein entsprechendes Kriterium für Achsensymmetrie zur Geraden $x = a$.

Ergebnis:

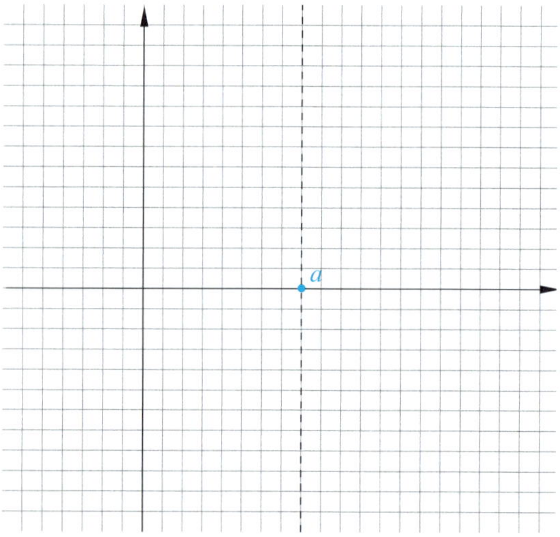

4 Formulieren Sie anhand der Funktionsgraphen Vermutungen über die Symmetrien der Graphen zu $f(x) = x^3 + 3x^2 + 2x + 2$ und $g(x) = -x^4 + 10x^3 - 33{,}5x^2 + 42{,}5x - 12$ und bestätigen Sie diese Vermutung mithilfe der gefundenen Kriterien.

5 Geben Sie ein Beispiel für den Term einer Funktion an, deren Graph symmetrisch zum Punkt $P(3\,|\,-2)$ ist.

Überlegungen

Skizze

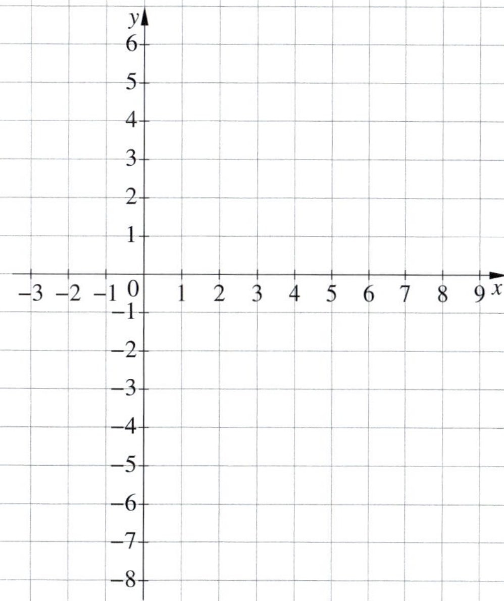

Ergebnis:

Ergebnisse

Ideen – Verfahren – Strategien	So geht's mit dem CAS

4 Vom Steigen und Fallen

1 Zeichnen Sie den Graphen der Funktion mit $f(x) = -\frac{1}{8}x^4 + \frac{1}{2}x^3 - 2x + 4$. Berechnen Sie den Term seiner Ableitungsfunktion f' und zeichnen Sie auch den Graphen von f'. Wiederholen Sie anhand dieses Beispiels die Zusammenhänge zwischen dem Graph einer Funktion und dem Graphen ihrer Ableitungsfunktion.

Graph der Funktion f

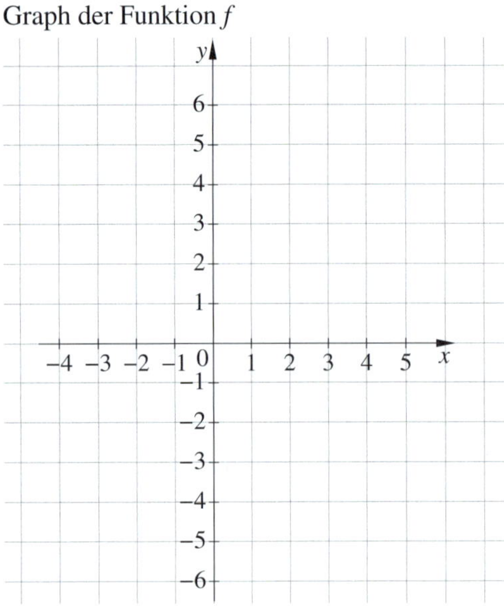

Graph der Ableitungsfunktion f'

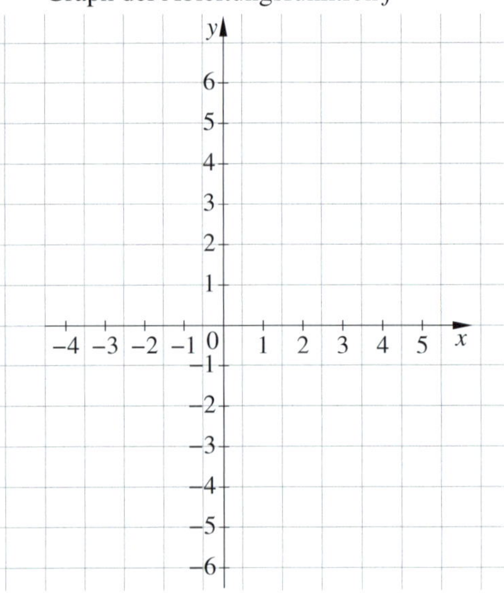

Das müssen Sie auch ohne CAS können.

Berechnung des Terms der Ableitungsfunktion f':

2 Mögliche Wege zur Untersuchung des Steigungsverhaltens einer Funktion und zur Bestimmung von Extrema sind die Untersuchung einer Wertetabelle, die Betrachtung des Funktionsgraphen und die rechnerische Untersuchung der Ableitungsfunktion.
Vergleichen Sie diese Verfahren anhand der Funktionen mit $g(x) = x^3 - 11x^2 - 22x + 33$ und $h(x) = 0{,}003x^5 - 0{,}0225x^4 - 0{,}005x^3 + 0{,}045x^2 - 2$

3 Untersuchen Sie die Funktionen mit
$f_1(x) = 5x^6 - 6x^5 - 15x^4 + 20x^3 + 15x^2 - 3x$ und $f_2(x) = 2x^7 - 7x^2 + x - 1$
hinsichtlich ihres Steigungsverhaltens und der Lage ihrer Extrema.

Graph der Funktion:

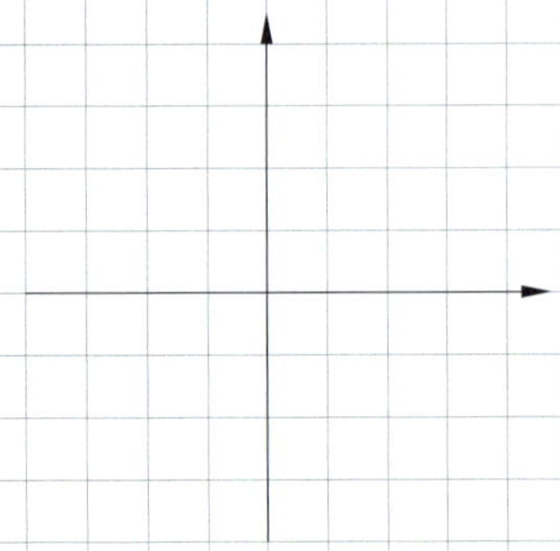

Term der Ableitungsfunktion:

Untersuchung:

Graph der Funktion:

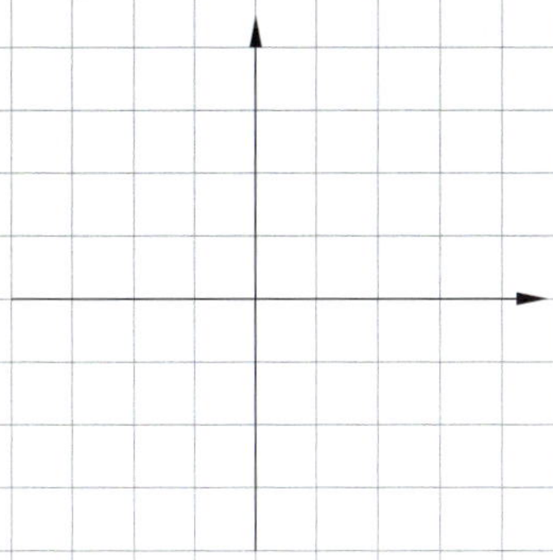

Term der Ableitungsfunktion:

Untersuchung:

4 Geben Sie ein Beispiel für die Ableitungsfunktion einer Funktion an, die bei $x = -4$ ein lokales Minimum, bei $x = 1$ ein lokales Maximum und bei $x = 2$ einen Terrassenpunkt hat.

Überlegungen:

Ergebnis:

Ergebnisse

Ideen – Verfahren – Strategien	So geht's mit dem CAS

028-1
Dynamische Veranschaulichung.

5 Was Faktorisierungen verraten

1 Untersuchen Sie die Graphen zu $f_1(x) = (x + 2)(x - 1)(x - 3)^2$ und $f_2(x) = (x + 1{,}5)^3(x - 1)^2(x^2 + 1)$.

Graph der Funktion f_1:

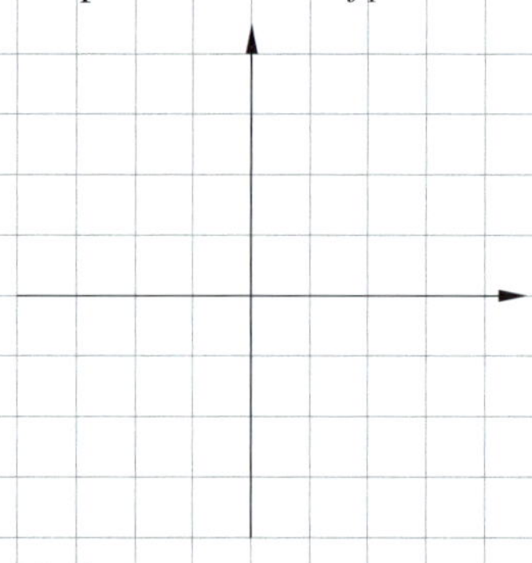

Graph der Funktion f_2:

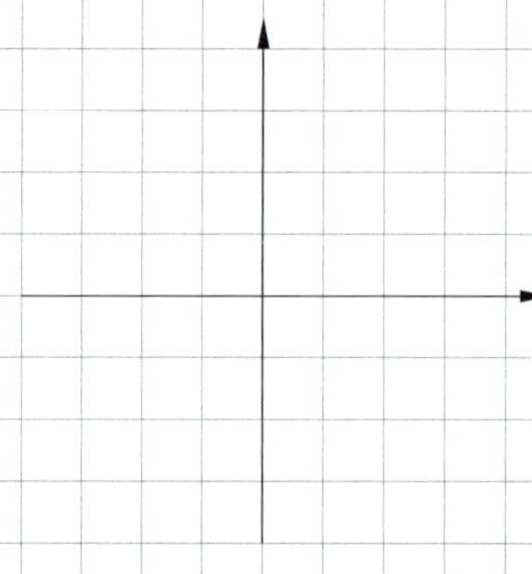

Notizen:

2 Ermitteln Sie mithilfe des CAS Stammfunktionen zu $g_1(x) = (x + 3)(x + 1)^2(x - 3)$ und $g_2(x) = (x + 1)^3(x - 2)^2(x^2 + 3)$.
Untersuchen Sie die Graphen dieser Stammfunktionen im Hinblick auf Zusammenhänge mit g_1 bzw. g_2.

Graphen von Stammfunktionen zu g_1:

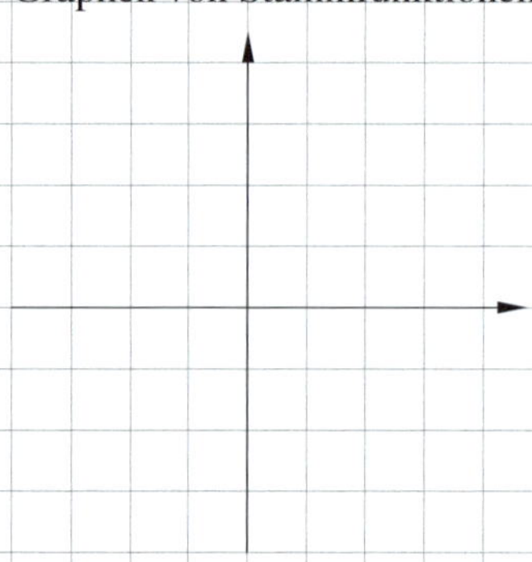

Graphen von Stammfunktionen zu g_2:

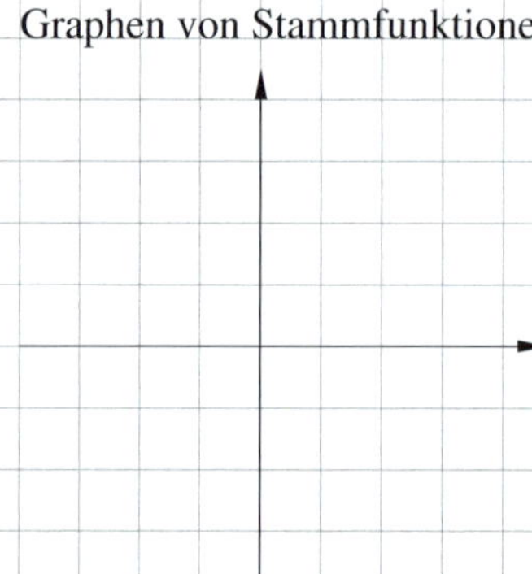

Notizen:

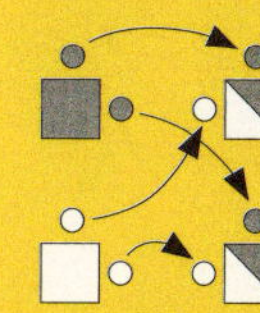

Das müssen Sie auch ohne CAS können.

3 Bestimmen Sie anhand der Nullstellen einen möglichen Funktionsterm zum abgebildeten Graphen.

Ergebnis:

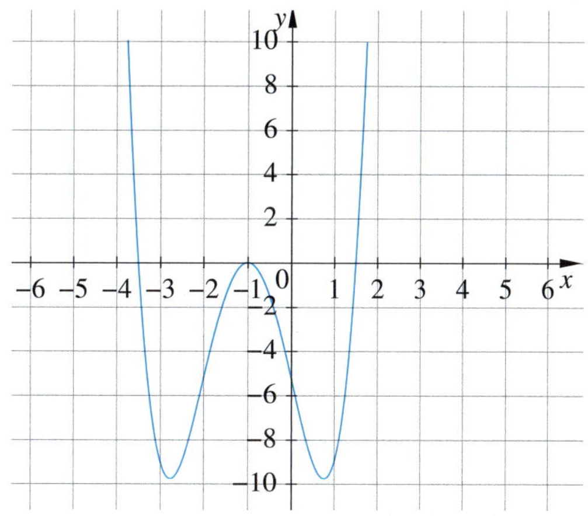

4 Berechnen Sie die Terme der Ableitungsfunktionen zu den folgenden Funktionstermen und faktorisieren Sie diese.
Formulieren Sie eine Vermutung.

029-1
Beweis

$h_1(x) = (x-2)^2(x+3)$ $\qquad h_1'(x) =$ ______

$h_2(x) = (x+2)(x+3)$ $\qquad h_2'(x) =$ ______

$h_3(x) = (x-1)^3(x+1)$ $\qquad h_3'(x) =$ ______

$h_4(x) = (x+3)^2(x+4)^3$ $\qquad h_4'(x) =$ ______

Ergebnisse

Ideen – Verfahren – Strategien	So geht's mit dem CAS

Aufgaben und Anwendungen

1 Untersuchen Sie die Funktionen mit $f(x) = \frac{1}{8}x^5 + \frac{1}{4}x^4 - x^3 - 2x^2 + 2x + 4$, $g(x) = 5x^6 - 6x^5 + 2x^3 - 3x^2$ und $h(x) = x^4 - 2x^3 - 3x^2 - 4x + 5$ auf Vorzeichenbereiche, Monotonie und lokale Extrema.

2 Als globale Extrema bezeichnet man den größten bzw. den kleinsten Funktionswert in der gesamten Definitionsmenge. Bestimmen Sie den größten und den kleinsten Funktionswert für

a) $f(x) = 3x^4 - 8x^3 - \frac{33}{2}x^2 + 45x;\ D = \mathbb{R}$

b) $f(x) = 4x^5 - \frac{5}{2}x^4 - 20x^3 + 15;\ D = [-2{,}2;\ 2{,}8]$

c) $f(x) = x^2 \sin(x);\ D = \,]-4;\ 3].$

3 Bestimmen Sie jeweils die Wertemenge.

a) $f(x) = 7x^3 + 2x^2 - 13x + 4;\ D = [-1;\ 2]$

b) $f(x) = -3x^4 + 2x^3 - 3x^2 - 6x + 3;\ D = \mathbb{R}$

c) $f(x) = 3x^4 - 4x^3 + 5x - 6;\ D = \mathbb{R}$

4 Bestimmen Sie die Wertemenge von $f(x) = \frac{1}{x^2 + 1};\ D = \mathbb{R}$

a) durch anschauliche Überlegungen;
b) durch Rechnung.

5 Wie geht der Graph zu $f(x) = -(x + 4)^2 - 3$ aus der Normalparabel hervor? Welche Symmetrie des Graphen von f folgt daraus? Bestätigen Sie diese Symmetrie rechnerisch.

6 Bestimmen Sie möglichst genau den Funktionsterm zum Funktionsgraphen in Abb. 1. Überprüfen Sie Ihren Ansatz mithilfe des CAS.

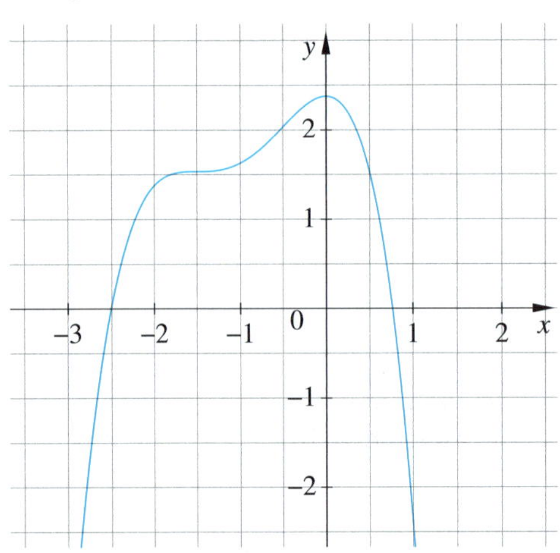

Abb. 1

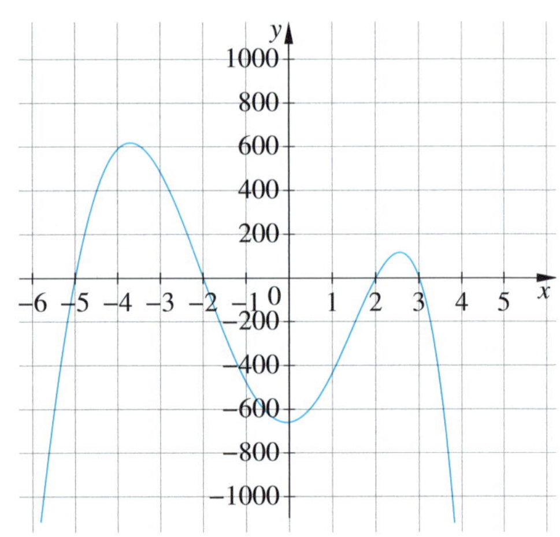

Abb. 2

7 Abb. 2 zeigt eine Darstellung des Graphen zu $f(x) = -x^5 - 13x^4 - 3x^3 + 217x^2 + 28x - 660$ im Bereich $x \in [-6;\ 6]$.
Sind dabei alle Nullstellen der Funktion dargestellt?
Geben Sie, ohne die Nullstellen zu berechnen, zwei wesentlich unterschiedliche Begründungen.

8 Aus einem kreisrunden Blatt Papier, das längs eines Radius aufgeschnitten ist, kann man Kegel unterschiedlicher Höhe h herstellen. Dabei ist die Mantellinie der Kegel jeweils genauso lang wie der Radius des Blattes Papier.

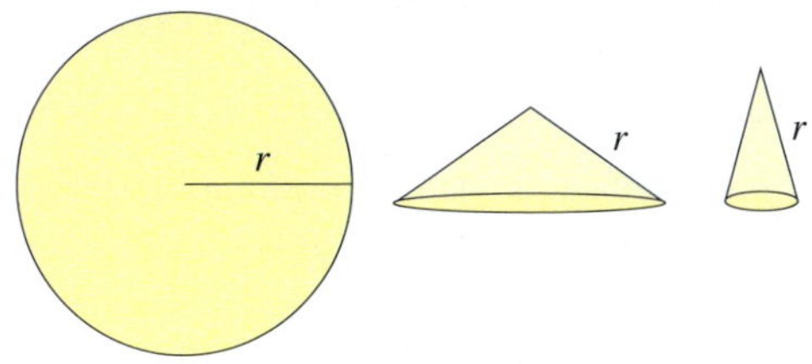

Berechnen Sie zunächst das Volumen des Kegels, den man für $r = 20$ cm bei der Höhe 8 cm erhält. Geben Sie dann allgemein einen Term $V(h)$ an, der das Volumen des Kegels für $r = 20$ cm bei der Höhe h beschreibt. Berechnen Sie, für welche Höhe sich ein Kegel maximalen Volumens ergibt.

9 Konservendosen sind industrielle Massenprodukte. Es ist eine wirtschaftlich relevante Aufgabe, den Materialverbrauch für ihre Herstellung zu minimieren.

a) Welche Abmessungen muss eine 425-ml-Dose haben, damit der Materialverbrauch für ihre Herstellung möglichst gering ist? Gehen Sie zunächst näherungsweise davon aus, dass die Dose ein Zylinder ist und der Materialverbrauch durch ihre Oberfläche beschrieben wird.

b) Untersuchen Sie, wie die einzelnen Teile einer Konservendose miteinander verbunden werden und berücksichtigen Sie dies bei Ihrer Rechnung.

10 Wie viele verschiedene Nullstellen kann die Funktion mit $f(x) = x^5 + 2x^2 - 9x + 6$ aufgrund ihres Grades maximal haben? Tatsächlich ist für diese Funktion f die Zahl der unterschiedlichen Nullstellen geringer. Geben Sie dafür eine vollständige Begründung.

11 Allein anhand des Grades einer ganzrationalen Funktion kann man auf mögliche Formen ihres Graphen schließen.

a) Wie viele Extrempunkte kann eine ganzrationale Funktion f vom Grad 5 höchstens besitzen?

b) Welche Anzahlen von Extrempunkten sind bei einer ganzrationalen Funktion f vom Grad 5 möglich?

c) Skizzieren Sie drei wesentlich verschiedene Formen von Graphen ganzrationaler Funktionen vom Grad 5, die mindestens einen Terrassenpunkt besitzen.

12 Geben Sie jeweils den Term einer ganzrationalen Funktion mit den folgenden Eigenschaften an. Verwenden Sie das CAS auch zur Überprüfung Ihrer Ergebnisse.

a) Grad 4, Nullstellen nur bei $x = -2$ und $x = 3$, jeweils mit Vorzeichenwechsel.

b) Grad 3, Nullstellen nur bei $x = -1$ und $x = 4$, der Punkt $A(1|5)$ liegt auf dem Graph.

c) Grad 4, Nullstellen nur bei $x = -1$, $x = 2$ und $x = -3$, $\lim\limits_{x \to -\infty} f(x) = -\infty$.

d) Grad 5, Nullstelle mit Vorzeichenwechsel bei $x = 2$, Nullstelle ohne Vorzeichenwechsel bei $x = -5$, keine weiteren Nullstellen.

e) Grad 4, lokales Maximum bei $x = -2$, Terrassenpunkt bei $x = 2$.

f) Grad 5, lokale Extrema bei $x = -1$ und $x = 1$, keine weiteren lokalen Extrema.

g) Grad 5, lokale Extrema bei $x = -1$ und $x = 1$, keine weiteren Stellen mit waagrechter Tangente.

13 Eine Stelle a heißt eine m-fache Nullstelle einer ganzrationalen Funktion f, wenn sich der Term von f schreiben lässt als $f(x) = (x - a)^m \cdot r(x)$ mit $r(a) \neq 0$. Zeigen Sie:
Wenn a eine m-fache Nullstelle einer ganzrationalen Funktion f ist, dann ist a eine $(m-1)$-fache Nullstelle der Ableitungsfunktion f'.
Begründen Sie, dass die Umkehrung dieser Aussage falsch ist.

Das Newton-Verfahren

1 Beschreiben Sie den Algorithmus des Newton-Verfahrens zur Bestimmung von Näherungswerten für Nullstellen.

032-1
Hinweise zur Umsetzung

2 Bestimmen Sie mit dem Newton-Verfahren einen Näherungswert für die Nullstelle x von $f(x) = \frac{1}{2}x^3 - \frac{1}{4}x^2 - 2$. Der Startwert ist $x_0 = 1$.

Füllen Sie dazu die Tabelle so weit aus, wie es Ihnen sinnvoll erscheint:

n	x_n	$f(x_n)$	$f'(x_n)$	$\frac{f(x_n)}{f'(x_n)}$
0	1			
1				
2				
3				
4				
5				
6				
7				
8				
9				

Ergebnis: $x \approx$ ____________________

CAS-Tipp
Verfügt Ihr CAS über eine vorgefertigte Funktion zur Bestimmung von Tangentengleichungen?

Visualisieren Sie das Vorgehen beim Newton-Verfahren mithilfe des CAS. Übertragen Sie eine aussagekräftige Skizze auf diese Seite.

3 Bestimmen Sie mit dem CAS jeweils einen Näherungswert für die Nullstelle der Funktion im angegebenen Bereich. Ermitteln Sie zunächst einen sinnvollen, ganzzahligen Startwert.

Ein mögliches, effizientes Vorgehen sehen Sie im nebenstehenden Screenshot.

Beenden Sie das Verfahren, wenn aufeinanderfolgende Werte in fünf Dezimalstellen übereinstimmen.

$f(x):=\frac{1}{x^2}-x^2+x-1$	*Fertig*
$fs(x):=\frac{d}{dx}(f(x))$	*Fertig*
$n(x):=x-\frac{f(x)}{fs(x)}$	*Fertig*
$n(-1.)$	-0.6
$n(-0.6)$	-0.671364
$n(-0.67136393018746)$	-0.682147

…

CAS-Tipp
Viele CAS verfügen über ein Symbol für „letztes Ergebnis“.

a) $f(x)=\frac{1}{x^2}-x^2+x-1;\ x<0$

Ermittlung eines Startwerts:

n	x_n	$f(x_n)$
0		
1		
2		
3		
4		
5		
6		
7		

b) $f(x)=\sin(x)+x-3$

Ermittlung eines Startwerts:

n	x_n	$f(x_n)$
0		
1		
2		
3		
4		
5		
6		
7		

4 Stellen Sie mithilfe des CAS für die beiden Teilaufgaben von Aufgabe 3 jeweils die Folge der Näherungswerte grafisch dar. Erstellen Sie beispielsweise in Ihrem CAS ein Dokument, in dem der Startwert dynamisch verändert werden kann und experimentieren Sie damit.

www 033-1
Hinweise zur Umsetzung

5 In bestimmten Situationen kann der Algorithmus des Newton-Verfahrens versagen.

Skizzieren Sie im vorgegebenen Koordinatensystem den Graphen der Funktion f mit $f(x) = x^3 - 6x^2 + 12x - 6$.

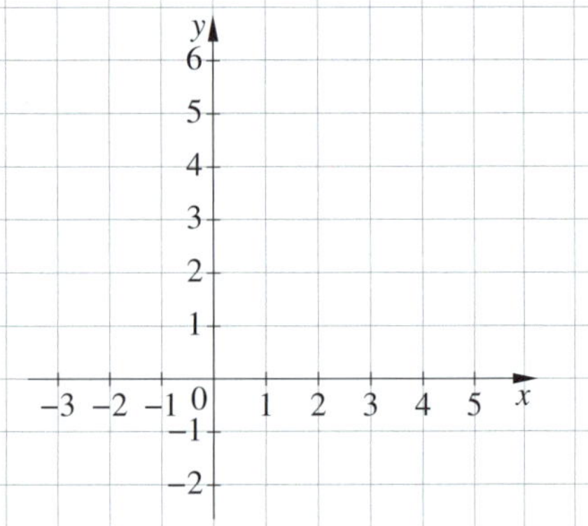

Tipp
Nächster Näherungswert = Schnittpunkt der Tangente mit der x-Achse.

Suchen Sie an diesem Beispiel nach einer Situation, in welcher der nächste Schritt des Newton-Verfahrens zu keinem Ergebnis führt.

Ergebnis:

Bestimmen Sie nun einen Startwert, für den der zweite Schritt zu keinem Ergebnis führt.

a) *Grafische Lösung*
Wählen Sie einen Punkt A auf dem Graphen. Seine x-Koordinate ist der Startwert für das Newton-Verfahren. Lassen Sie die Tangente in diesem Punkt zeichnen. Die Nullstelle dieser Tangente ist der erste Näherungswert x_1. Führen Sie ebenso den nächsten Schritt aus.

Ermitteln Sie nun den gesuchten ungeeigneten Startwert, indem Sie den Punkt A auf dem Graphen geeignet verschieben.

Ergebnis: ______

Zeichnen Sie diese Situation in die Skizze ein.

b) *Rechnerische Lösung*
Damit der zweite Schritt kein Ergebnis liefert, muss an der Stelle des Ergebnisses x_1 des ersten Schrittes des Newton-Verfahrens gelten: ______

Ermitteln Sie den Term zur allgemeinen Berechnung von x_1 in Abhängigkeit vom Startwert x_0 und damit nach obiger Überlegung das Ergebnis für x_0:

c) *Alternativer Lösungsweg*
Der abgebildete Screenshot zeigt Fragmente eines anderen rechnerischen Lösungswegs. Finden und beschreiben Sie diese zweite Lösungsstrategie.

solve(*fs*(*x*)=0,*x*)	x=2
⋮	
solve(*t1*(2)=0,*x0*)	

6 Die folgenden Beispiele zeigen andere Schwierigkeiten, die bei der Durchführung des Newton-Verfahrens auftreten können.
Wenden Sie jeweils das Newton-Verfahren an und erläutern Sie Ihre Beobachtungen.

a) $f(x) = \sqrt{x} - \frac{1}{2}x^2 + 1;\ x_0 = 0{,}5$

b) $f(x) = \frac{3}{4}x^3 - 7x^2 + 18x - 12;\ x_0 = 2$

c) $f(x) = x^3 - 3x^2 - 40x;\ x_0 = -2{,}3$ bzw. $x_0 = -2{,}4$ bzw. $x_0 = -2{,}5$

d) $f(x) = 2^{2x} - 2^x;\ x_0 = -2$

Ergebnisse

Ideen – Verfahren – Strategien	So geht's mit dem CAS

Würfel fallen

Würfel sind ein sehr einfaches Hilfsmittel zum Durchführen von stochastischen Experimenten. Ein CAS kann durch die Möglichkeit der Programmierung und der Tabellenkalkulation helfen, derartige Experimente zu simulieren.

1 Informieren Sie sich, wie Sie mit Ihrem CAS Zufallszahlen erzeugen können und notieren Sie dies.

2 Simulieren Sie das 100-malige Werfen eines Laplace-Würfels.

a) Tragen Sie die Ergebnisse in eine Tabelle ein und fertigen Sie ein Histogramm an.

b) Wiederholen Sie die Simulation und erhöhen Sie dabei die Anzahl der Würfe.

c) Notieren Sie Ihre Beobachtungen. Bereiten Sie sich auch darauf vor, Ihre Ergebnisse zu präsentieren.

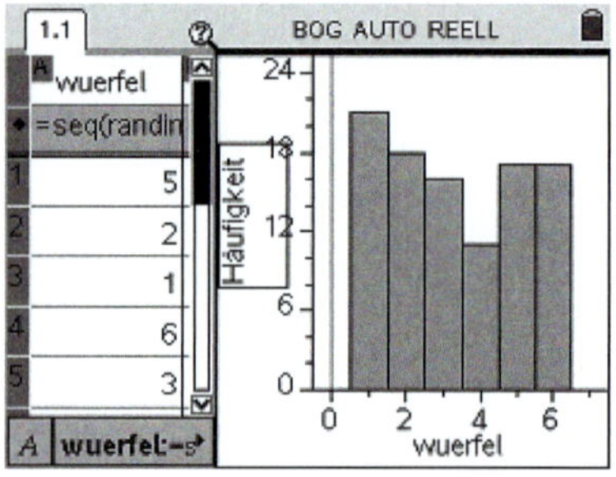

3 Es sollen nun zwei Laplace-Würfel geworfen und die Summe der Augenzahlen betrachtet werden. Simulieren Sie das Experiment für verschiedene Anzahlen von Würfen. Stellen Sie die Ergebnisse grafisch dar. Notieren Sie Ihre Vorgehensweise.

CAS-Tipp
Sie können in Ihrem Rechner vorbereitete Darstellungen speichern und als Präsentationsfolien verwenden.

4 Variieren Sie das vorangegangene Experiment. Erhöhen Sie die Zahl der Würfe oder betrachten Sie etwa das Produkt der Augenzahlen. Bereiten Sie eine entsprechende Präsentation vor.

 Histogramm erzeugen – Punktdiagramm erstellen – Tabellenkalkulation verwenden – Zufallszahlen erzeugen

Abhängig oder unabhängig?

1 Sind Schüler, die in Mathematik gute Noten haben, auch gut in Latein? Dieser Frage könnte anhand der Zeugnisnoten von 40 Schülern nachgegangen werden. Grafisch aufbereitet ergibt sich dann beispielsweise folgendes Bild:

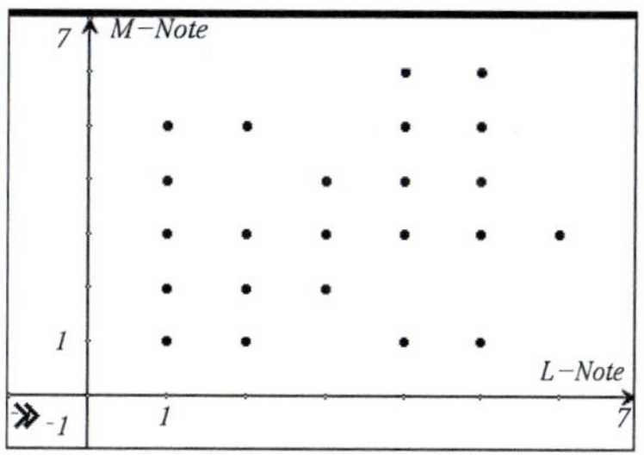

Machen Sie sich klar, wie diese Grafik zu deuten ist. Wie würden Sie aufgrund dieser Grafik die obige Aussage beurteilen?
Diese einfache Darstellung hat jedoch einen entscheidenden Nachteil. Vergleichen Sie dazu mit den zugrunde liegenden Rohdaten in der Datei 037-1 und nehmen Sie noch einmal Stellung zu obiger Aussage für dieses Datenmaterial.

2 Welches Bild erwarten Sie für den grafischen Zusammenhang von Körpergröße und Notendurchschnitt? Führen Sie eine entsprechende Untersuchung durch.

3 In einer anonymen Befragung wurden 50 Personen im Alter zwischen 6 und 85 Jahren befragt, wie viel Geld sie im vergangenen Monat für Zeitungen und Zeitschriften ausgegeben haben. Dabei wurde bei Personen desselben Alters das arithmetische Mittel ihrer Antworten gebildet. Interpretieren Sie die grafische Darstellung der Umfrageergebnisse.

4 Bereiten Sie sich auf die Präsentation Ihrer Arbeit vor.

Zufall, der nicht zufällig ist … – Teil 1*

Ein Verfahren, Zufallszahlen zu simulieren, ist das Verfahren des **linearen Kongruenzgenerators**. Dazu sind vier Ausgangszahlen notwendig.
$m \in \{2, 3, \dots\}$, $a \in \{1, \dots, m-1\}$, $b \in \{1, \dots, m-1\}$ und $y_1 \in \{0, \dots, m-1\}$
Nun wird eine Folge von Zahlen $y_1, y_2, y_3, \dots$ auf folgende Weise erzeugt:

y_1 ist vorgegeben
$y_2 = (a \cdot y_1 + b) \text{ mod m}$
$y_3 = (a \cdot y_2 + b) \text{ mod m}$
$y_4 = (a \cdot y_3 + b) \text{ mod m}$
…

Dabei bedeutet der Operator "mod" (sprich: modulo) den Rest bei Division durch m. (So ist z. B. 10 mod 3 = 1, denn 10 lässt bei Division durch 3 den Rest 1.)

CAS-Tipp
Informieren Sie sich, wie Sie mit Ihrem CAS die Rechenoperation mod durchführen können.

1 Erzeugen Sie in der Tabellenkalkulation eine Tabelle, welche den linearen Kongruenzgenerator simuliert. Notieren Sie Ihre Vorgehensweise.

2 Vergleichen Sie die damit erzeugten Zufallszahlen mit den Zufallszahlen, die Ihr CAS implementiert hat. Führen Sie hierzu ein geeignetes Zufallsexperiment durch. Machen Sie Notizen:

3 Bereiten Sie sich auf die Präsentation Ihrer Arbeit vor.

* fakultativ

Zufall, der nicht zufällig ist … – Teil 2*

Ein anderes Verfahren, Zufallszahlen zu simulieren, ist das Verfahren des **Quadratmittengenerators**.
Dazu startet man mit einem vierstelligen Startwert $z_0 \in \{1000, 1001, \ldots, 9999\}$. Diese Zahl wird dann quadriert und das Ergebnis von links mit Nullen aufgefüllt, bis man 8 Stellen erhält. Von der so erhaltenen Ziffernfolge streicht man die ersten zwei und die letzten zwei Ziffern weg, um die Zahl z_1 zu erhalten. Ebenso berechnet man dann die nächste Zahl z_2 aus z_1 usw.

CAS-Tipp
CAS haben Funktionen zum Abschneiden von Nachkommastellen. Finden Sie eine.

039-1

1 Erzeugen Sie in der Tabellenkalkulation eine Tabelle, welche den Quadratmittengenerator simuliert.

2 Testen Sie den Quadratmittengenerator mit verschiedenen Startwerten.
Der Quadratmittengenerator besitzt allerdings ungünstige Eigenschaften: Testen Sie z. B. die Zahlenfolge, die sich aus der Startzahl $z_0 = 3572$ ergibt. Was fällt Ihnen auf?

3 Im Bild rechts sind die Zahlen $z_0, z_1, z_2, \ldots, z_{255}$, die sich bei der Startzahl 2791 ergeben, grafisch veranschaulicht, indem nach rechts die Zahlen $n \in \{0, 1, 2, \ldots, 255\}$ und nach oben die zugehörigen z_n angetragen sind.
Interpretieren Sie das sich ergebende Bild.
Experimentieren Sie auf ähnliche Weise mit weiteren Startwerten.

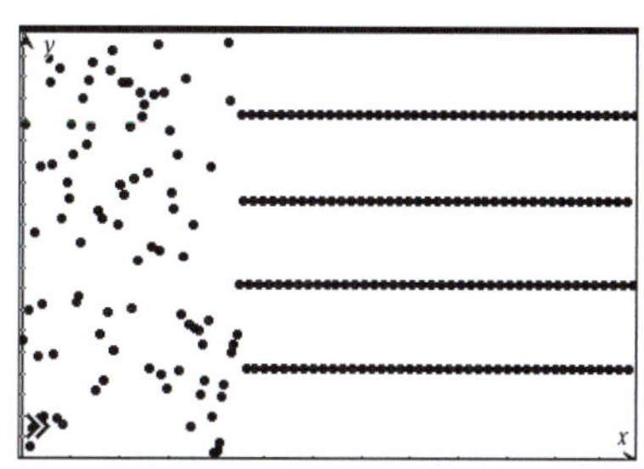

4 Begründen Sie, dass der Quadratmittengenerator stets eine periodische Zahlenfolge erzeugt. Braucht man sehr viele Zufallszahlen, dann macht sich diese Periodizität bemerkbar. Wie könnte man Abhilfe schaffen?

5 Bereiten Sie sich auf die Präsentation Ihrer Arbeit vor.

* fakultativ

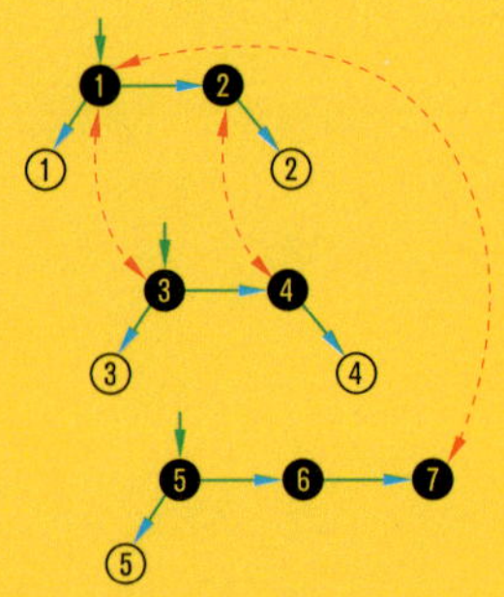

mögliche Einstige
inhaltliche Verknüpfungen
① Vertiefungen

Station 1 Umkehrfunktionen

1 Erzeugen Sie eine Liste L_1, die mit einer Schrittweite von 0,05 die Zahlen aus dem Intervall $[-5;\,5]$ enthält. Erzeugen Sie nun eine Liste L_2, die zu den Zahlen aus L_1 die Werte der Funktion f mit $f(x) = \frac{1}{25}x^3 - \frac{1}{10}x^2 + \frac{1}{4}x + 1$ enthält.
Stellen Sie diese Wertepaare grafisch dar: einmal mit L_1 als x-Werte und L_2 als y-Werte, einmal umgekehrt.

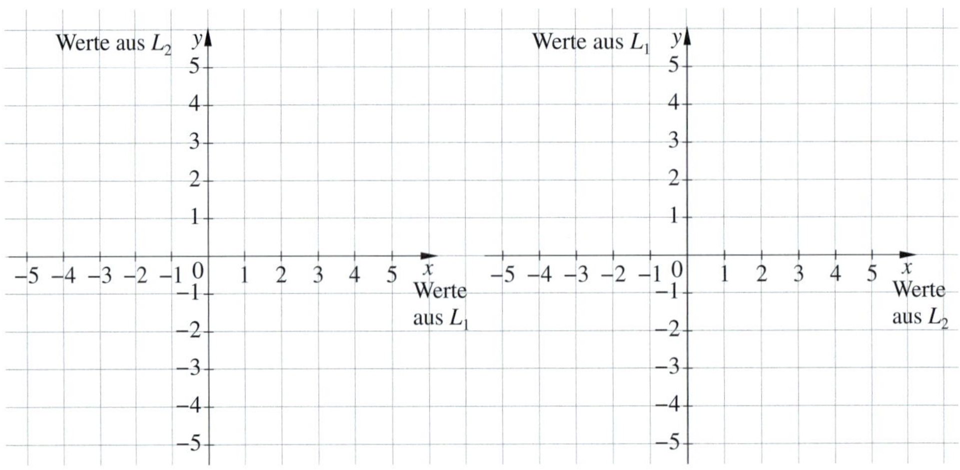

CAS-Tipp
Die meisten Computeralgebrasysteme können außer Funktionsgraphen auch andere Typen von Graphen darstellen. Eine geläufige Bezeichnung für den hier benötigten Typ lautet „Scatter Plot“ bzw. „Punktdiagramm“.

2 Verfahren Sie wie in Aufgabe 1, wobei nun L_1 Werte aus dem Intervall $[-2\pi;\,4\pi]$ enthält, L_2 die Funktionswerte zu $f(x) = \sin(x)$.

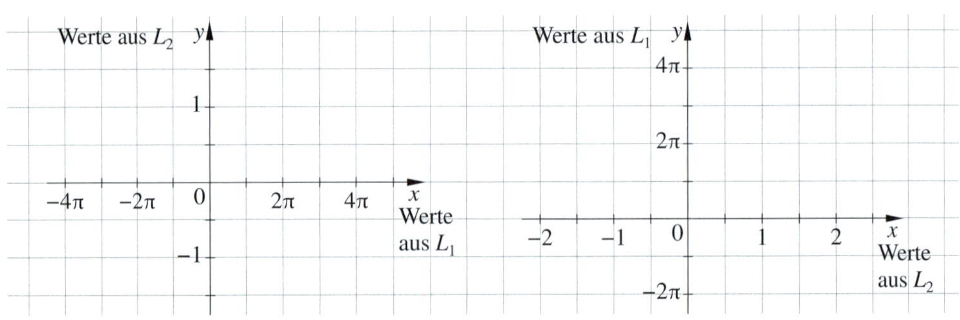

3 Welche zentrale Eigenschaft muss eine Zuordnung zwischen zwei Größen haben, damit sie eine Funktion ist? Wie erkennt man diese Eigenschaft in einer Wertetabelle, wie am Graphen?
Wie hängen die Zuordnungen, deren Graphen Sie in Aufgabe 1 bzw. Aufgabe 2 dargestellt haben, jeweils zusammen? Wo ist die Bezeichnung „Umkehrfunktion“ sinnvoll?
Was muss gelten, damit eine Funktion „umkehrbar“ ist? Wie lassen sich Funktionen „umkehrbar machen“?

Das müssen Sie auch ohne CAS können.

4 Als Argument im Funktionsterm der Umkehrung $y \mapsto x$ einer Funktion $x \mapsto y = f(x)$ verwendet man üblicherweise wieder x. Eine gebräuchliche Bezeichnung für die Umkehrfunktion zu f ist f^{-1}. Bestimmen Sie den Term der Umkehrfunktion zu $f(x) = \frac{1}{2}x + 2$ und stellen Sie die Graphen der Funktion f und ihrer Umkehrfunktion t f^{-1} im gleichen Koordinatensystem dar. Welcher geometrische Zusammenhang besteht zwischen den beiden Graphen?

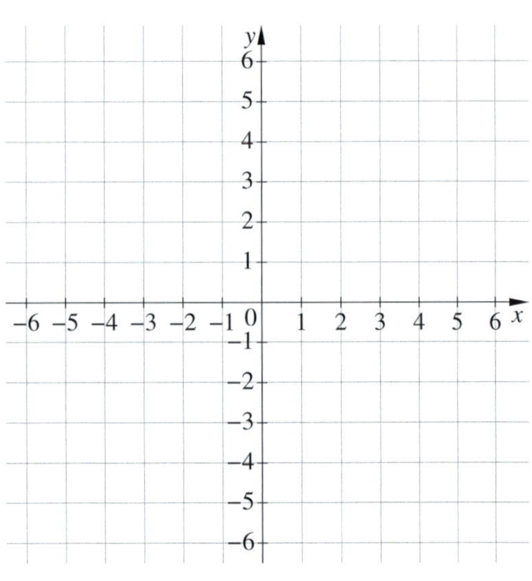

Tipp
Gleiche Skalierung der beiden Koordinatenachsen

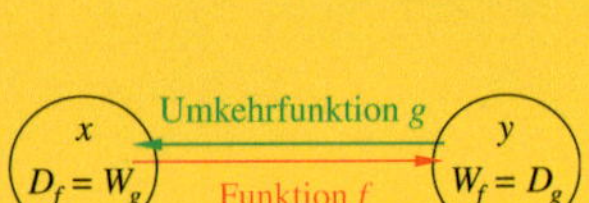

Station 1* Umkehrfunktionen – Vertiefung

1 Verfahren Sie wie in Aufgabe 4, S. 40, für $f(x) = x^3 + 1$ und $g(x) = \frac{4x}{x^2+1} + 1$.

2 Bestimmen Sie für die Funktion f mit $f(x) = -\frac{1}{10}x^4 + x^2$ möglichst große Teilintervalle des Definitionsbereichs so, dass die Einschränkung von f auf ein solches Teilintervall umkehrbar ist.
Ermitteln Sie die Terme der zugehörigen Umkehrfunktionen und stellen Sie die Ergebnisse grafisch dar.

3 Untersuchen Sie in den Beispielen die Graphen von Funktion und Umkehrfunktion jeweils auf Schnittpunkte. Begründen Sie Ihre Beobachtung und finden Sie eine rechnerisch einfachere Methode, um diese Schnittpunkte zu ermitteln.

4 ***Wenn Sie Station 3 schon bearbeitet haben:***
Bearbeiten Sie die Aufgabe 2 von Station 3*.

5 ***Wenn Sie Station 7 schon bearbeitet haben:***
Bearbeiten Sie die Aufgabe 10 von Station 7.

Skizzen zu den Aufgaben 1, 2 und 3:

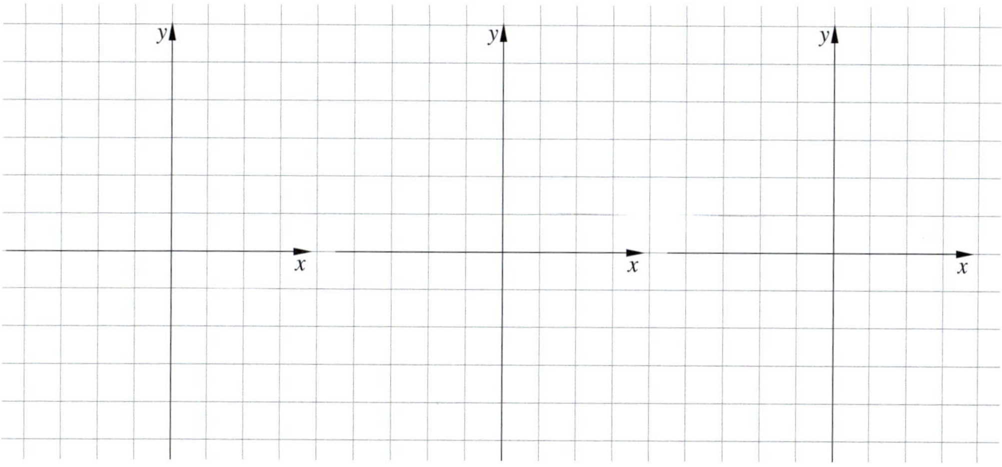

Ergebnisse

Ideen – Verfahren – Strategien	So geht's mit dem CAS

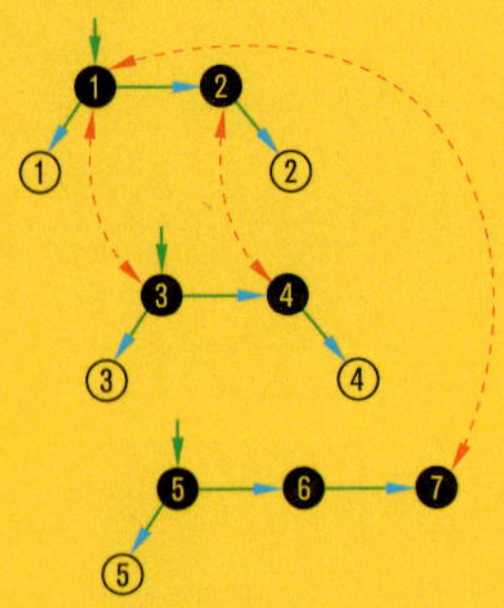

→ mögliche Einstige
→ inhaltliche Verknüpfungen
① Vertiefungen

Station 2 Wurzelfunktionen

1 Erzeugen Sie den Graphen der Umkehrung der Funktion f mit $f(\mathrm{x}) = x^2$.

2 Als **Wurzelfunktion** bezeichnet man die Umkehrung zu $f(x) = x^2$ mit $D_f = \mathbb{R}_0^+$.
Ihr Funktionsterm ist $f^{-1}(x) = \sqrt{x}$. Was ist der Definitionsbereich der Wurzelfunktion?
Skizzieren Sie den Graphen der Wurzelfunktion und mithilfe grafischer Überlegungen qualitativ den Graphen ihrer Ableitungsfunktion.

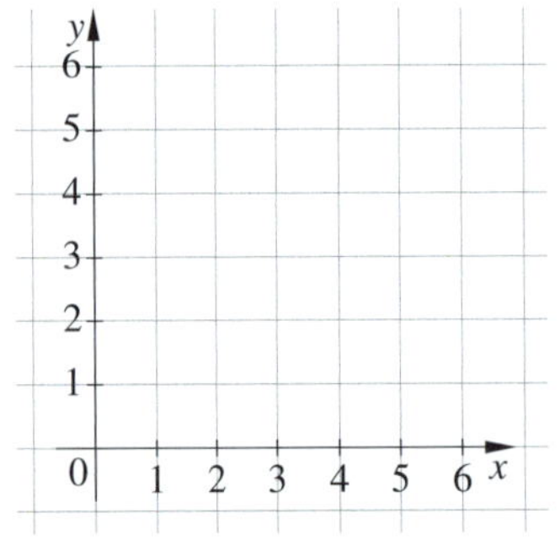

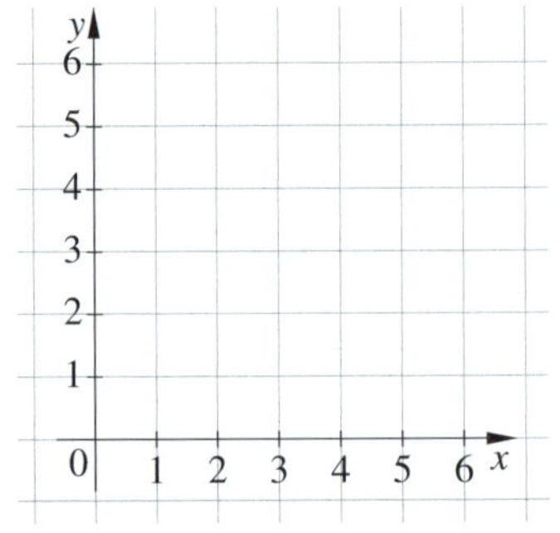

3 Berechnen Sie den Term der Differenzenquotienten-Funktion $d(x, h)$ (vgl. Abschnitt 2.2, Seite 17). Stellen Sie ihren Graphen für unterschiedliche Werte des Parameters h dar und vergleichen Sie mit Ihrem Ergebnis zu Aufgabe 2.

4 Ermitteln Sie die Ableitungsfunktion der Wurzelfunktion:

$f(x) = \sqrt{x} \Rightarrow f'(x) =$ ____________________

Der Beweis für dieses Ergebnis braucht einen algebraischen „Kniff" – lesen Sie ihn in Ihrem Mathematikbuch nach.
Untersuchen Sie, ob das CAS diese Umformungen am Term des Differenzenquotienten durchführt und diskutieren Sie das Verhalten des CAS.

5 Ermitteln Sie die Ableitungsfunktionen zu $f(x) = \sqrt[3]{x}$, $f(x) = \sqrt[4]{x}$ und anderer Potenzfunktionen mit rationalem Exponenten.

Formulieren Sie eine Regel: ____________________

6 Erzeugen Sie ein Bild des Graphen zu $f(x) = x^q$, in dem der Wert des Exponenten q variiert werden kann.
Lassen Sie zusätzlich den Graphen der Ableitungsfunktion zu f darstellen und diskutieren Sie die Zusammenhänge. Skizzieren Sie drei typische Beispiele qualitativ in den folgenden Koordinatensystemen (jeweils f und f' in zusammen in einem Koordinatensystem).

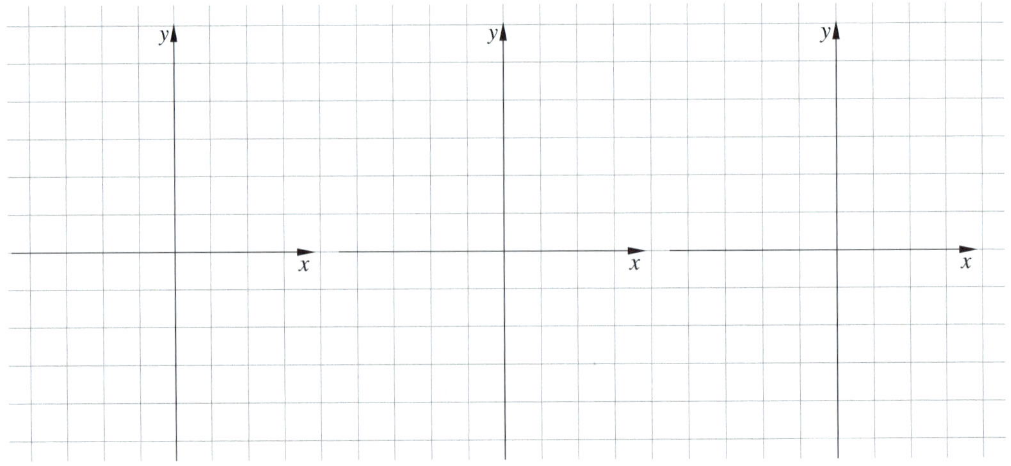

Station 2* Wurzelfunktionen – Vertiefung

1 Erzeugen Sie mithilfe des CAS dieses Bild.
Markieren Sie farbig alle Paare aus Funktion und Umkehrfunktion.

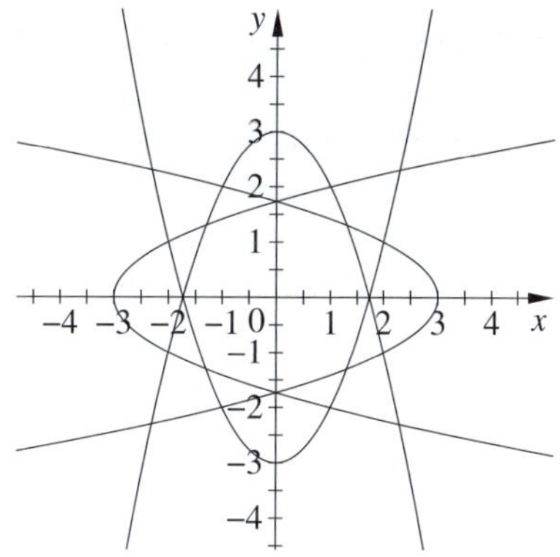

2 Im Eingangsbereich eines Unternehmens soll das Firmenlogo im Boden eingelassen werden. Die Abbildung zeigt in einem geeigneten Koordinatensystem den Entwurf. Das Logo wird im Quadrat *ABCD* durch vier parabelförmige Bögen begrenzt, die sich in den Ecken des Quadrats berühren. Die Diagonalen des Quadrats sind in den Punkten *A*, *B*, *C* und *D* Tangenten an die Parabelbögen.

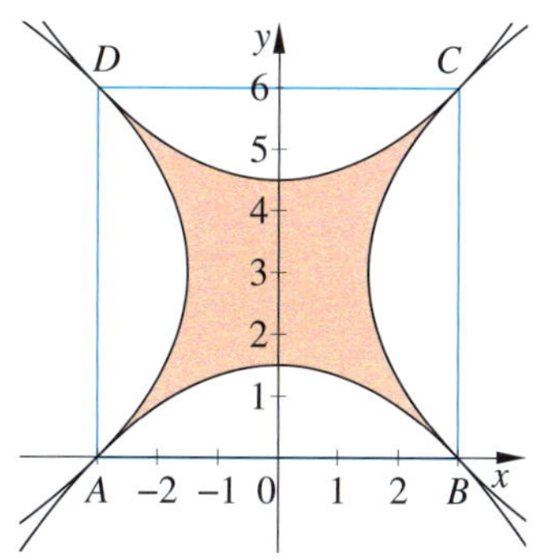

Das müssen Sie auch ohne CAS können.

a) Bestimmen Sie den Term der Funktion p, deren Graph den unteren Bogen beschreibt.

b) Der obere Bogen geht durch geometrische Operationen aus dem unteren hervor. Geben Sie den zugehörigen Funktionsterm ohne weitere Rechnungen an.

c) p ist in $[0; \infty[$ umkehrbar. Bestimmen Sie den Term der zugehörigen Umkehrfunktion p^{-1} und tragen Sie ihren Graph in die Abbildung ein. Kennzeichnen Sie in der Abbildung den Teil der Umrandung des Logos, der zum Term $p^{-1}(x) = (x + 3) + 3$ gehört.

d) Geben Sie nun, wieder ohne weitere Rechnungen, die Terme der noch fehlenden Begrenzungsstücke des Logos an. (Nach Abitur Bayern, Grundkurs 2005, Thema II)

3 ***Wenn Sie Station 4 schon bearbeitet haben:***
Bearbeiten Sie die Aufgaben 2 und 3 von Station 4*.

Ergebnisse

Ideen – Verfahren – Strategien	So geht's mit dem CAS

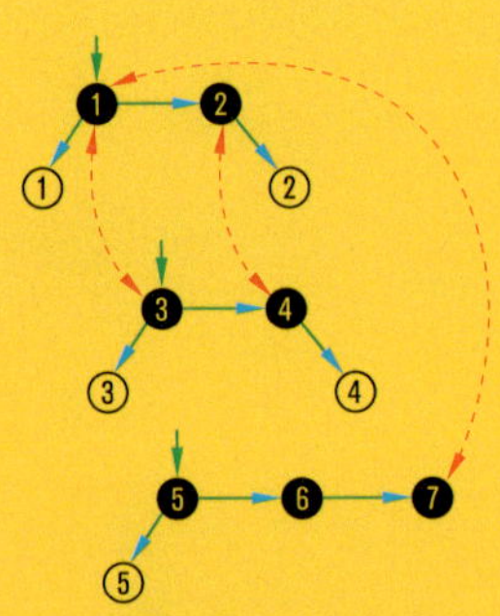

→ mögliche Einstige
→ inhaltliche Verknüpfungen
① Vertiefungen

044-1
Physikalische Erläuterungen zum Inhalt dieser Aufgabe.

Station 3 Verkettete Funktionen

1 Beim Schmelzen eines kugelförmigen Hagelkorns nimmt der Radius in guter Näherung linear mit der Zeit ab. Ein ursprünglich 8 cm großes Hagelkorn schmilzt in 12 Minuten auf einen Durchmesser von 2 cm.

Geben Sie allgemein und für die gegebenen Zahlenwerte an:

- Wie lässt sich der Radius $r(t)$ in Abhängigkeit von der Zeit t beschreiben?
- Wie lässt sich das Volumen $V(r)$ in Abhängigkeit vom Radius r beschreiben?
- Wie lässt sich das Volumen $V(t)$ in Abhängigkeit von der Zeit t beschreiben?

Die Funktion mit dem Term $V(t)$ bezeichnet man als **Verkettung** der Funktionen $r: t \mapsto r(t)$ und $V: r \mapsto V(r)$.
Erläutern Sie diesen Begriff.

2 Für die Verkettung zweier Funktionen f und g verwendet man das Symbol $g \circ f: x \mapsto (g \circ f)(x) = g(f(x))$ (gesprochen: „g nach f").
Geben Sie für die folgenden Beispiele die Funktionsterme $f(x)$ und $g(x)$ ins CAS ein und lassen Sie sich die Terme der Verkettungen $g \circ f$ und $f \circ g$ ausgeben.

Das müssen Sie auch ohne CAS können.

a) $f(x) = x^3$, $g(x) = x^5$ $(g \circ f)(x) =$ ______ ; $(f \circ g)(x) =$ ______

b) $f(x) = 2x^2 + 3$, $g(x) = 4x - 5$ $(g \circ f)(x) =$ ______ ; $(f \circ g)(x) =$ ______

c) $f(x) = \sin(x)$, $g(x) = x^3$ $(g \circ f)(x) =$ ______ ; $(f \circ g)(x) =$ ______

d) $f(x) = \sin(x + 1)$, $g(x) = x^4 + 4$ $(g \circ f)(x) =$ ______ ; $(f \circ g)(x) =$ ______

e) $f(x) = 2x + 6$, $g(x) = \frac{1}{2}x - 3$ $(g \circ f)(x) =$ ______ ; $(f \circ g)(x) =$ ______

f) $f(x) = \frac{x+1}{x-1}$, $g(x) = x^2 + 1$ $(g \circ f)(x) =$ ______ ; $(f \circ g)(x) =$ ______

Falls Sie Station 2 schon bearbeitet haben:

g) $f(x) = x^2 + 1$, $g(x) = \sqrt{x}$ $(g \circ f)(x) =$ ______ ; $(f \circ g)(x) =$ ______

h) $f(x) = \frac{1}{2}x^2 + 2$, $g(x) = \sqrt{2x - 4}$ $(g \circ f)(x) =$ ______ ; $(f \circ g)(x) =$ ______

3 Geben Sie für die folgenden Funktionsterme $h(x)$ die Terme zweier Funktionen f und g an, so dass $h(x) = (g \circ f)(x)$. Dabei soll weder f noch g mit h identisch sein.

a) $h(x) = 2\sin(x)$ $f(x) =$ ______ ; $g(x) =$ ______

b) $h(x) = \cos(3x)$ $f(x) =$ ______ ; $g(x) =$ ______

c) $h(x) = (x + 1)^2$ $f(x) =$ ______ ; $g(x) =$ ______

d) $h(x) = 2(x - 3)^2$ $f(x) =$ ______ ; $g(x) =$ ______

e) $h(x) = \sqrt{x^2 + 1}$ $f(x) =$ ______ ; $g(x) =$ ______

f) $h(x) = \frac{2}{(x^2 - 1)}$ $f(x) =$ ______ ; $g(x) =$ ______

g) $h(x) = \frac{x^2}{(x^2 + 5)}$ $f(x) =$ ______ ; $g(x) =$ ______

h) $h(x) = 2\sin(\sqrt{x} + \pi)$ $f(x) =$ ______ ; $g(x) =$ ______

Station 3* Verkettete Funktionen – Vertiefung

1 Entwerfen Sie eigene Beispiele ähnlich zu denen in Aufgabe 2. Teilen Sie Ihrem Banknachbarn die Terme der Verkettungen mit; er soll aus diesen die beiden ursprünglichen Funktionsterme rekonstruieren.

2 ***Wenn Sie Station 1 schon bearbeitet haben:***
Interpretieren und verallgemeinern Sie die Ergebnisse der Teilaufgaben 2e) und 2h) von Station 3. S. 44.

3 Finden Sie Beispiele für Paare von Funktionen, bei deren Verkettung die Reihenfolge keine Rolle spielt.

4 Finden Sie für die Verkettung ganzrationaler Funktionen einen Zusammenhang zwischen den Graden der beteiligten Funktionen.

Ergebnisse

Ideen – Verfahren – Strategien	So geht's mit dem CAS

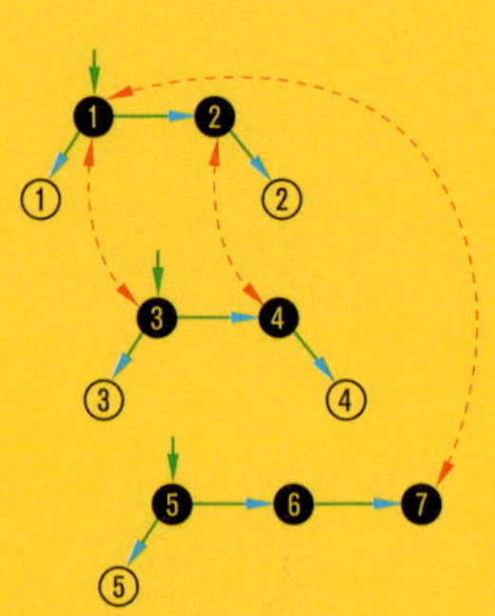

→ mögliche Einstige
→ inhaltliche Verknüpfungen
① Vertiefungen

Station 4 Die Ableitung verketteter Funktionen

1 Ermitteln Sie für die folgenden Funktionsterme die Faktorisierung und die Faktorisierung des Terms der Ableitungsfunktion.
Formulieren Sie eine Regel und testen Sie diese anhand eigener Beispiele.

a) $f(x) = x^2 + 26x + 169 =$ ______ ; $f'(x) =$ ______

b) $f(x) = 9x^2 - 24x + 16 =$ ______ ; $f'(x) =$ ______

c) $f(x) = x^3 + 9x^2 + 27x + 27 =$ ______ ; $f'(x) =$ ______

d) $f(x) = -x^3 + 6x^2 - 12x + 8 =$ ______ ; $f'(x) =$ ______

e) $f(x) = 8x^3 + 36x^2 + 54x + 27 =$ ______ ; $f'(x) =$ ______

f) $f(x) = 32x^5 + 80x^4 + 80x^3 + 40x^2 + 10x + 1 =$ ______ ; $f'(x) =$ ______

g) $f(x) = (\sin(x))^2 + 2\sin(x) + 1 =$ ______ ; $f'(x) =$ ______

Vermutete Regel:

2 Lässt sich die in Aufgabe 1 gefundene Regel auch auf die folgenden Beispiele verallgemeinern?

a) $f(x) = \sin(x + 1)$ $f'(x) =$ ______

b) $f(x) = \sin(2x + 1)$ $f'(x) =$ ______

c) $f(x) = \sin(x^2)$ $f'(x) =$ ______

d) $f(x) = (\sin(x))^2$ $f'(x) =$ ______

3 Die Ableitungsregel, die Sie in den Aufgaben 1 und 2 entdeckt haben, wird **Kettenregel** genannt. Vollziehen Sie den Beweis anhand Ihres Schulbuchs nach.

4 Berechnen Sie ohne Verwendung des CAS die Terme der Ableitungsfunktionen zu zehn selbst gewählten verketteten Funktionen.
Kontrollieren Sie Ihre Ergebnisse mit dem CAS.

5 Ermitteln Sie den Term der Ableitungsfunktion der Funktion $V(t)$ aus Aufgabe 1 der Station 3, S. 44, und interpretieren Sie das Ergebnis anschaulich.

Station 4* Die Ableitung verketteter Funktionen – Vertiefung

1 Von den Funktionen f und g seien die Extremstellen bekannt. Was kann man dann mithilfe der Kettenregel über die Extremstellen der Verkettungen $g \circ f$ und $f \circ g$ schließen?
Überprüfen Sie Ihre Aussage anhand folgender Beispiele, zunächst jeweils anhand der Graphen:

a) $f(x) = x^2 + 1,\ g(x) = x^2 - 4x$

b) $f(x) = \sin(x),\ g(x) = x^2$

c) $f(x) = -x^2 - 2x + 1,\ g(x) = x^2 - 4x + 2$

Überlegungen

2 ***Wenn Sie Station 2 schon bearbeitet haben:***
Berechnen Sie ohne Verwendung des CAS die Ableitungsfunktion zu

a) $f(x) = \sqrt{x+1}$ $f'(x) =$ ______; $D_f =$ ______; $D_{f'} =$ ______

b) $f(x) = \sqrt{x^2+1}$ $f'(x) =$ ______; $D_f =$ ______; $D_{f'} =$ ______

c) $f(x) = (\sqrt{x}+2)^2$ $f'(x) =$ ______; $D_f =$ ______; $D_{f'} =$ ______

d) $f(x) = \cos(\sqrt{x})$ $f'(x) =$ ______; $D_f =$ ______; $D_{f'} =$ ______

e) $f(x) = \sqrt{\sin(x^2)}$ $f'(x) =$ ______; $D_f =$ ______; $D_{f'} =$ ______

Geben Sie jeweils auch die Definitionsbereiche der Funktion und der Ableitungsfunktion an.

3 ***Wenn Sie Station 2 schon bearbeitet haben:***
Finden Sie den Term einer Funktion f, für die gilt: $f'(x) = \frac{1}{f(x)}$

047-1
Richtungsfeld

Ergebnisse

Ideen – Verfahren – Strategien	So geht's mit dem CAS

Station 5 Gebrochenrationale Funktionen

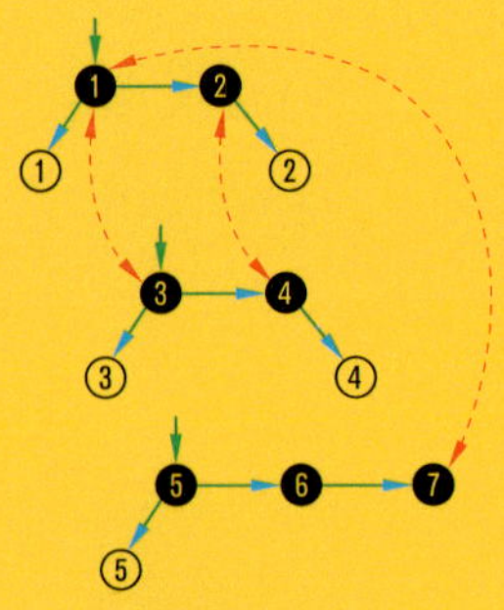

mögliche Einstige
inhaltliche Verknüpfungen
① Vertiefungen

1 Eine Funktion, deren Term sich als Quotient zweier ganzrationaler Terme darstellen lässt, nennt man eine **gebrochenrationale Funktion**.
Erzeugen Sie die Graphen zu den angegebenen Funktionstermen. Faktorisieren Sie in den Funktionstermen so weit wie möglich und suchen Sie nach Zusammenhängen zwischen Besonderheiten in den Graphen und den Funktionstermen. Formulieren Sie entsprechende Regeln. Überprüfen Sie, nachdem Sie diese Regeln aufgestellt haben, noch einmal Ihre Darstellung der Funktionsgraphen.

a) $f(x) = \frac{x+1}{x^2+2x-3}$ **b)** $f(x) = \frac{x-2}{x^2+4x+3}$ **c)** $f(x) = \frac{x^2+2x-3}{x+1}$

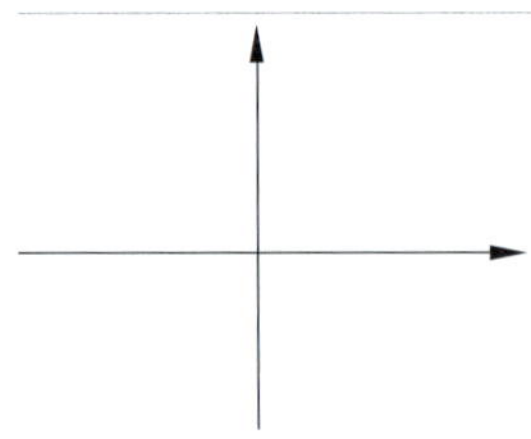
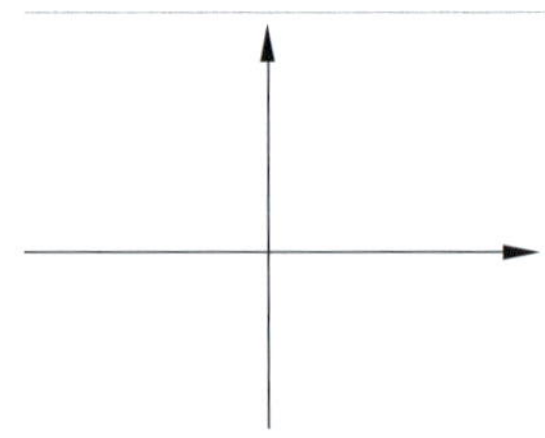

Polstelle = Definitionslücke, bei der die Funktionswerte bei Annäherung von rechts und von links nach unendlich streben.

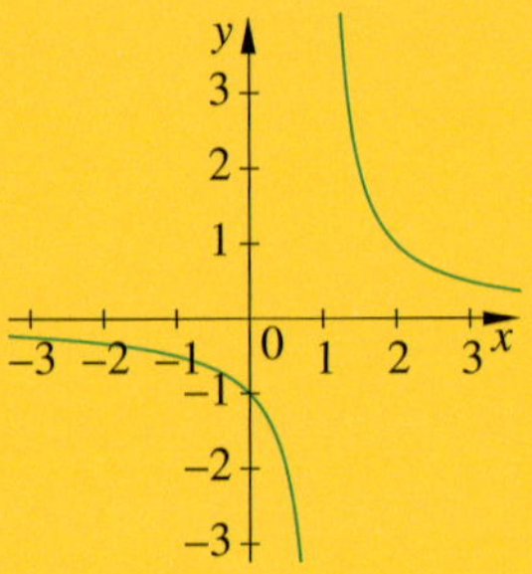

d) $f(x) = \frac{x^2+2x+1}{x^3-3x+2}$ **e)** $f(x) = \frac{x^4-3x^3-6x^2+28x-24}{20x+30}$ **f)** $f(x) = \frac{x^4-4x^2+4}{\frac{1}{2}x^2+x-\frac{3}{2}}$

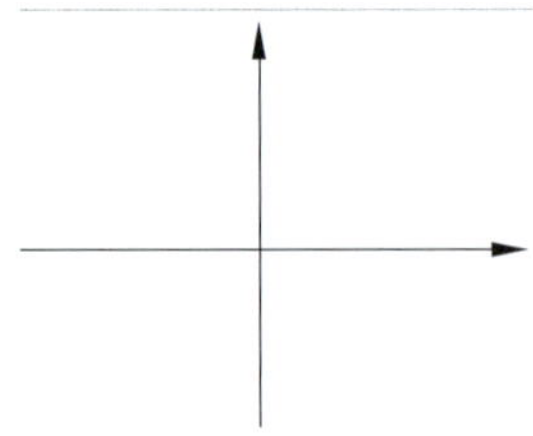
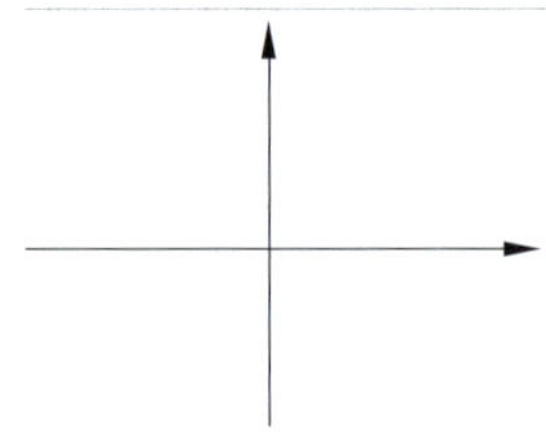
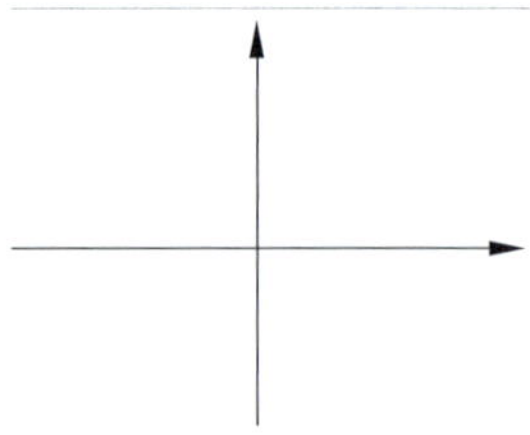

g) $f(x) = \frac{x^5-10x^3-20x^2-15x-4}{x^4-4x^2+4}$ **h)** $f(x) = \frac{x^2-4x+4}{x^3+x^2}$ **i)** $f(x) = \frac{x^4-2x^3-3}{2x^4-4x^3-24x^2+80x-64}$

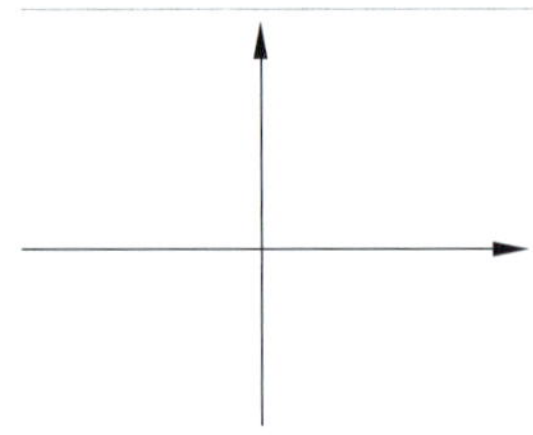
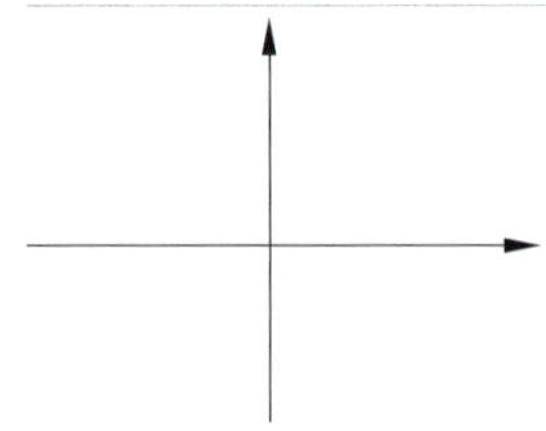
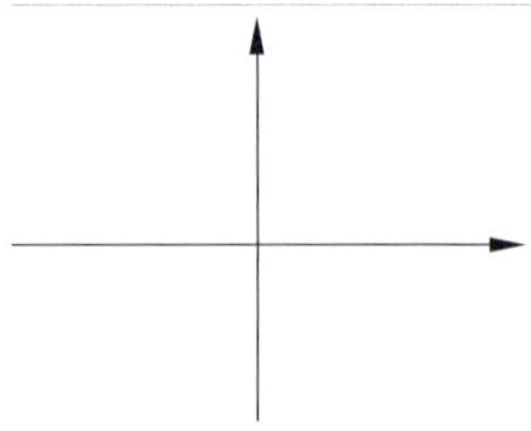

2 Geben Sie jeweils einen Term einer gebrochenrationalen Funktion mit den geforderten Eigenschaften an. Überprüfen Sie Ihr Ergebnis mit dem CAS.

a) Nullstellen mit Vorzeichenwechsel bei $x = -2$ und $x = -1$, Polstelle ohne Vorzeichenwechsel bei $x = 3$.

b) Nullstelle ohne Vorzeichenwechsel bei $x = 3$, Nullstelle mit Vorzeichenwechsel bei $x = -3$, keine Polstellen.

c) Nullstelle ohne Vorzeichenwechsel bei $x = 44$, Polstellen mit Vorzeichenwechsel bei $x = -22$ und $x = 33$.

3 Ermitteln Sie den Funktionsterm zum abgebildeten Graphen. Überprüfen Sie Ihr Ergebnis mithilfe des CAS.
Tauschen Sie mit Ihrem Banknachbarn vergleichbare, selbst erstellte Aufgaben aus.

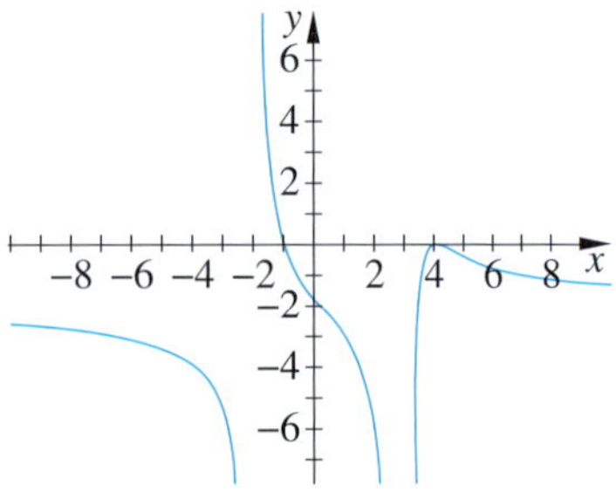

Station 5* Gebrochenrationale Funktionen – Vertiefung

1 Untersuchen Sie die Graphen zu den angegebenen Funktionstermen und erklären Sie Ihre Beobachtungen. Wie müssen die Regeln, die Sie in Aufgabe 1 von Station 5 formuliert haben, präzisiert werden?

a) $f(x) = \frac{x^2 + x}{x}$ **b)** $f(x) = \frac{x+1}{x^2+2x+1}$ **c)** $f(x) = \frac{x^2 - 2x + 1}{x^2 - 1}$

d) $f(x) = \frac{x^3 + x^2 - 8x - 12}{x^2 + x - 12}$ **e)** $f(x) = \frac{\sin(x)}{x}$ **f)** $f(x) = \frac{x}{\sin(x)}$

2 Die Abbildung zeigt den Graphen, den ein CAS zum Funktionsterm $f(x) = \frac{x^2 + 3x + 3}{x^3 + 6x^2 + 12x + 8}$ erzeugt hat. Deuten Sie dieses Bild.

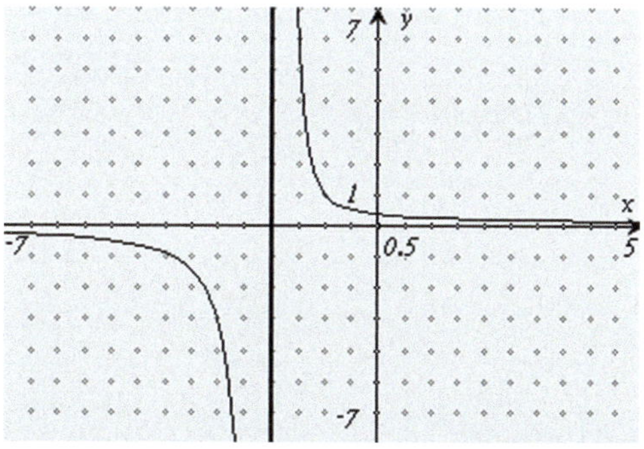

Ergebnisse

Ideen – Verfahren – Strategien	So geht's mit dem CAS

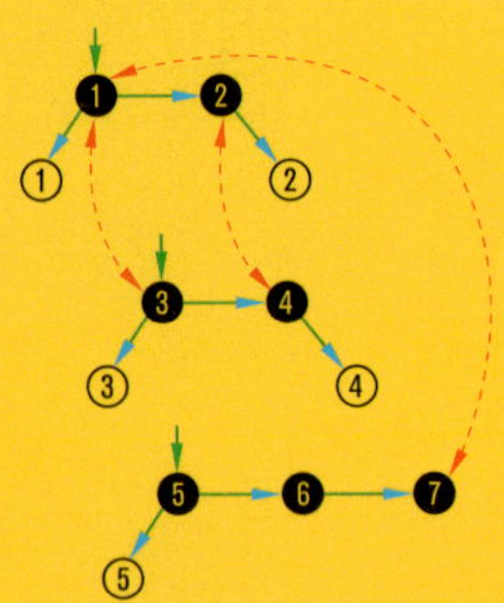

→ mögliche Einstige
→ inhaltliche Verknüpfungen
① Vertiefungen

050-1 Theorie: Zerlegung von Bruchtermen

Station 6 Gebrochenrationale Funktionen im Unendlichen

1 Wiederholen Sie anhand der Funktionen mit $f_1(x) = \frac{x^2 - 3x + 4}{2x^2 - 4x + 1}$, $f_2(x) = \frac{2x - 5}{x^3 - 3x - 6}$ und $f_3(x) = \frac{3x^3 - x^2 + 4}{x^2 + 3}$ die Regeln für das Verhalten gebrochenrationaler Funktionen für $x \to \infty$ und $x \to -\infty$.

2 Zeigen Sie, dass sich der Term $g_1(x) = \frac{2x^2 - 3x + 1}{x - 2}$ auch in der Form $g_1(x) = 2x + 1 + \frac{3}{x - 2}$ darstellen lässt.
Formen Sie auch die Terme $g_2(x) = \frac{3x^2 - 5}{x^2 - 1}$ und $g_3(x) = \frac{2x^3 + x^2 - 6x - 6}{2x + 1}$ in dieser Weise um.
Was lässt sich aus diesen Darstellungen über das Verhalten der jeweiligen Funktion für $x \to \pm\infty$ schließen?
Skizzieren Sie Ihre Beobachtungen in den folgenden Koordinatensystemen.

$g_1(x) = \frac{2x^2 - 3x + 1}{x - 2}$

$g_1(x) = 2x + 1 + \frac{3}{x - 2}$

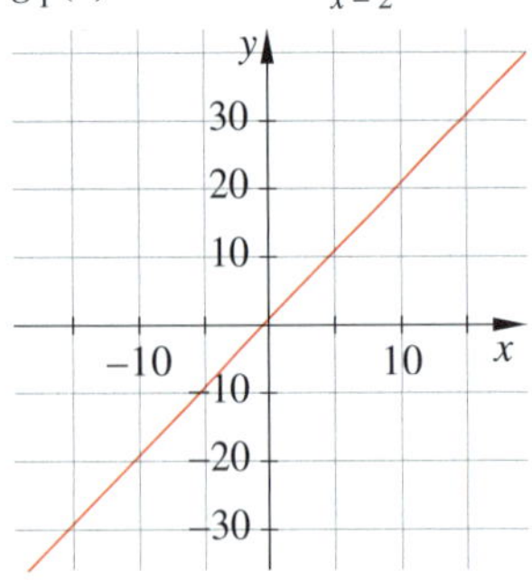

$g_2(x) = \frac{3x^2 - 5}{x^2 - 1}$

$g_2(x) =$ ____________

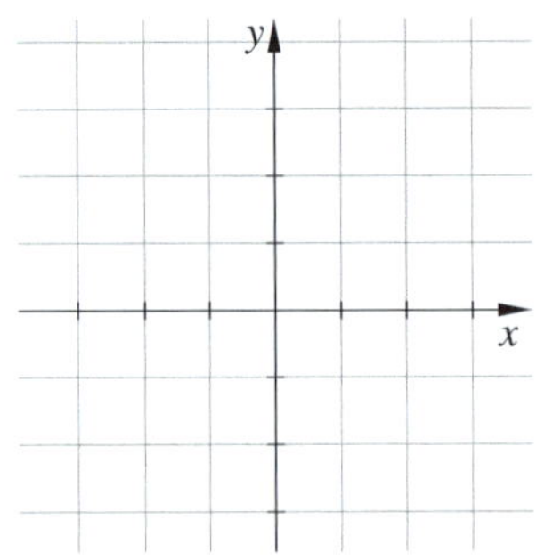

$g_3(x) = \frac{2x^3 + x^2 - 6x - 6}{2x + 1}$

$g_3(x) =$ ____________

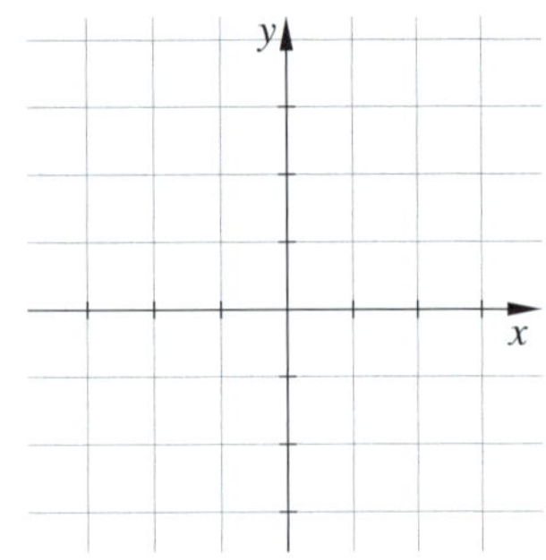

3 Untersuchen Sie mithilfe des CAS rechnerisch, ob sich die Graphen der Funktionen aus Aufgabe 2 an ihre **Asymptoten** bzw. **asymptotischen Kurven** von oben oder von unten annähern.

4 Zeigen Sie, dass $y = x^2 + 2x$ nicht die Gleichung der asymptotischen Kurve zu $f(x) = \frac{x^3 + 2x^2}{x + 1}$ ist. Welcher Gedanke liegt diesem Fehler zugrunde?

5 Untersuchen Sie die Funktionen aus Aufgabe 1 von Station 5, S. 48, hinsichtlich ihres Verhaltens für $x \to \pm\infty$ und vergleichen Sie Ihre Ergebnisse mit den bei Station 5 angefertigten Skizzen.

Ergebnisse

Ideen – Verfahren – Strategien	So geht's mit dem CAS

Station 7 Diskussion gebrochenrationaler Funktionen]

1 Ermitteln Sie mithilfe des CAS eine Regel für die Ableitung gebrochenrationaler Funktionen. Zeigen Sie, dass Ihr Ergebnis mit dem in Ihrem Schulbuch übereinstimmt und lesen Sie den Beweis für diese **Quotientenregel** nach.

CAS-Tipp
$f(x) = \frac{u(x)}{v(x)}$; $u(x)$ und $v(x)$ nicht definiert

2 Formen Sie $f(x)$ und $g(x)$ wie in Aufgabe 2 von Station 6, S. 50, um. Leiten Sie jeweils die beiden Formen des Funktionsterms ab und vergleichen Sie die Ergebnisse.

$f(x) = \frac{x^2 - 2x + 3}{x - 4}$ = ______

$f'(x) =$ ______ = ______

$g(x) = \frac{x^4 - 4x^2 + 8}{2x^2 + 8}$ = ______

$g'(x) =$ ______ = ______

3 Diskutieren Sie die Funktionen mit den angegebenen Termen. Überprüfen Sie Ihre rechnerischen Ergebnisse anschließend, indem Sie per Hand den Graphen skizzieren und Ihre Skizze mit dem CAS kontrollieren.

a) $f(x) = \frac{2x^2 - 8x + 9}{x^2 - 4x + 4}$ **b)** $f(x) = \frac{2x^2 - 7x + 9}{x^2 - 4x + 4}$ c) $f(x) = \frac{x^3 - 4x^2 + x + 6}{x^2 - 2x + 1}$ **d)** $f(x) = \frac{x^5 + x}{-x^3 + x^2 + x - 1}$

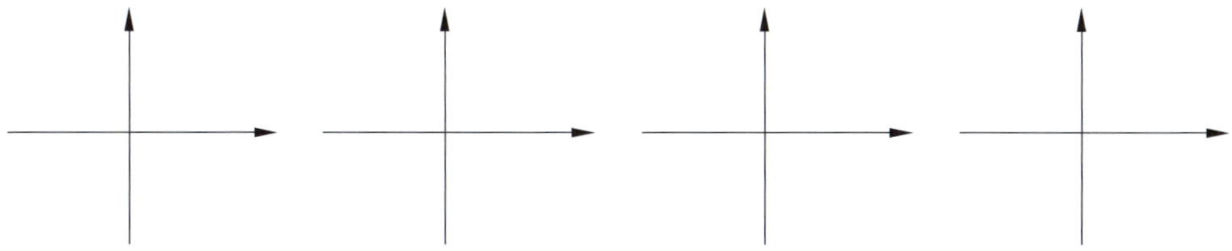

Teilaufgaben a) und b) müssen Sie auch ohne CAS können.

4 Skizzieren Sie ohne weitere Rechnungen zu den Funktionstermen in Aufgabe 3 jeweils qualitativ den Graphen der Funktion $g(x) = \frac{1}{f(x)}$. Überprüfen Sie Ihre Skizze mithilfe des CAS.

Die folgenden Aufgaben sind weiterführende Anwendungen des CAS. Gegebenenfalls genügt die Bearbeitung einer Auswahl dieser Aufgaben.

5 Tangenten an Graphen anlegen:

Skizze zu Teilaufgaben a) bis c)

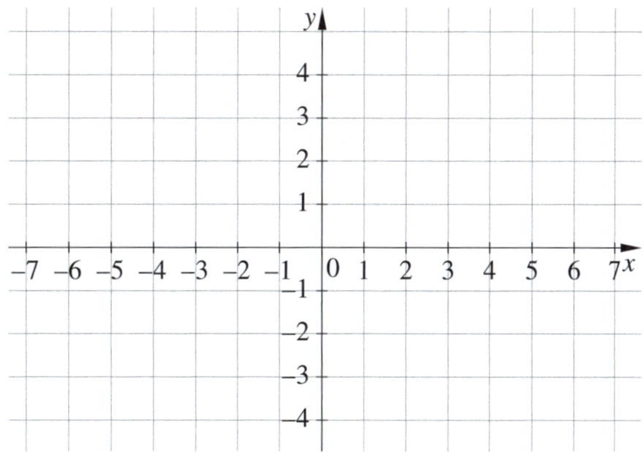

a) Erzeugen Sie den Graph zu $f(x) = \frac{5x}{x^2 + 1}$ und vergleichen Sie ihn mit den Ergebnissen einer rechnerischen Kurvendiskussion.

b) Bestimmen Sie die Gleichungen der Tangenten an den Graphen von f, die parallel zur Geraden $g_1: y = 2x$ bzw. parallel zur Geraden $g_2: y = -\frac{x}{2}$ sind.

c) Bestimmen Sie die Gleichungen der Tangenten an den Graphen von f, die durch den Punkt $P_1(0|3)$ bzw. durch den Punkt $P_2(1|3)$ verlaufen.

d) Bestimmen Sie die Gleichungen der Tangenten an den Graphen zu $h(x) = \frac{-20x + 40}{x^2 - 4x + 8}$, die durch den Punkt $P_3(0|5{,}2)$ verlaufen.

e) Bestimmen Sie die Gleichungen der Tangenten an den Graphen zu $k(x) = \frac{x^2 + 1}{2x^2 - 10}$, die durch den Punkt $P_4(0|2)$ verlaufen.

CAS-Tipp
Benutzen Sie die Grafikfähigkeiten des CAS zur Veranschaulichung.

Tipp: Allgemeine Form der Gleichung einer Geraden durch P_2: $y = m(x - 1) + 3$

6 Bestimmen Sie den Parameter a so, dass sich die Graphen der Funktionen mit $f(x) = 20 - \frac{25}{x^2}$ und $g(x) = \frac{10}{x^2 + 1} + a$ senkrecht schneiden.
Erzeugen Sie die beiden Funktionsgraphen und überprüfen Sie Ihr Ergebnis.
Bearbeiten Sie die gleiche Frage für $g(x) = \frac{a}{x^2 + 1} + 10 + a$.

CAS-Tipp
Lösen Sie jeweils ein Gleichungssystem.

CAS-Tipp
Überprüfen Sie Ihre Antworten mithilfe des CAS.

7 Gebrochenrationale Funktionen mit vorgegebenen Eigenschaften:

a) Geben Sie einen möglichst einfachen Term einer rationalen Funktion f an, die alle folgenden Eigenschaften besitzt:
- Nullstelle mit Vorzeichenwechsel bei $x = 1$;
- Polstelle ohne Vorzeichenwechsel bei $x = -2$;
- Senkrechte Asymptote mit der Gleichung $x = 3$.

b) Verändern Sie den Funktionsterm aus Teilaufgabe a) so, dass zusätzlich $\lim_{x \to \infty} f(x) = \infty$ gilt. Diese Funktion soll weiterhin die in Teilaufgabe a) gestellten Forderungen erfüllen und keine zusätzlichen Nullstellen oder Polstellen besitzen.

c) Kann zusätzlich auch noch die Bedingung $f(2) = 2$ erfüllt werden? Begründen Sie Ihre Antwort.

8 Bestimmen Sie die Funktionsterme zu den beiden abgebildeten Graphen.

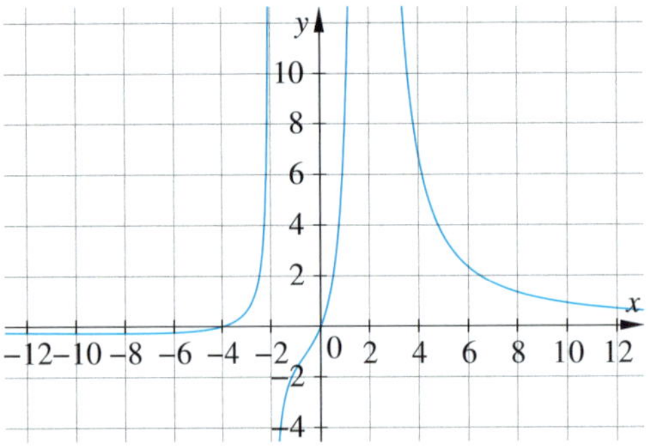

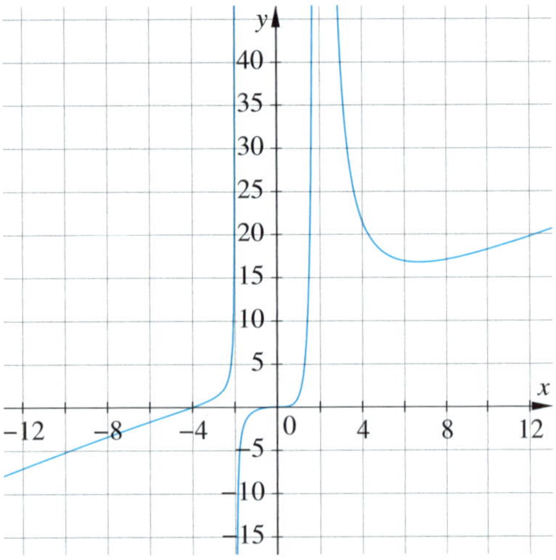

9 Untersuchen Sie die Funktionen mit den folgenden Termen auf Achsen- oder Punktsymmetrie.

a) $f(x) = \frac{x^4 + 1}{x^2}$ **b)** $f(x) = \frac{x^3 + x}{x^2 - 1}$ **c)** $f(x) = \frac{x^2}{x + 1}$ **d)** $f(x) = \frac{-x^4 + 4x^3 - 6x^2 + 4x + 6}{x^2 - 2x}$

10 ***Wenn Sie Station 1 schon bearbeitet haben:***
Untersuchen Sie die Funktion mit $f(x) = \frac{x^2 - x - 1}{x^2 - x}$ auf Umkehrbarkeit.
Ermitteln Sie in geeigneten Teilen des Definitionsbereichs die Terme von Umkehrfunktionen und stellen Sie die Ergebnisse grafisch dar.

Ergebnisse

Ideen – Verfahren – Strategien	So geht's mit dem CAS

Station A Aufgaben zur Wiederholung

1. Zuordnung

Ordnen Sie jedem der zwölf Graphen einen der vorgeschlagenen Funktionsterme zu. Wenn Sie die Buchstaben beim jeweiligen Graphen eintragen, so erhalten Sie daraus ein Lösungswort.

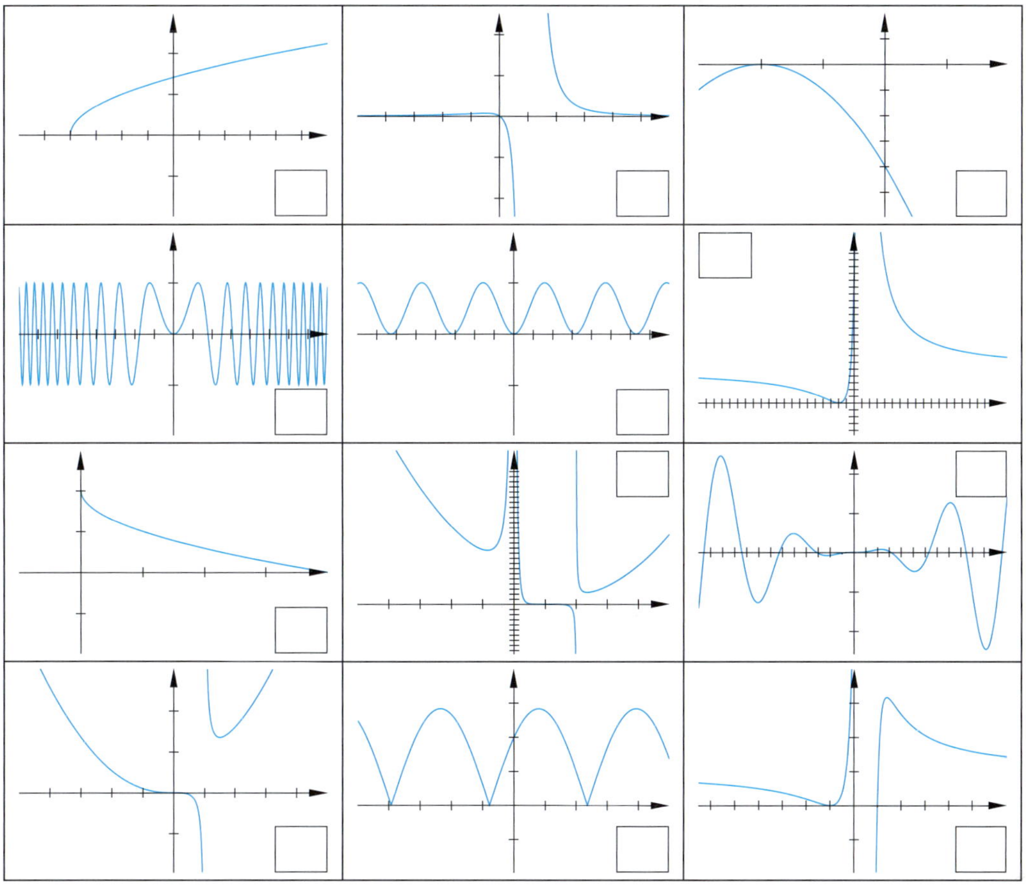

A $f(x) = \sqrt{\sin(x) + 1}$

B $f(x) = -\sqrt{x + 2}$

C $f(x) = \sin(x^2)$

E $f(x) = \frac{(x-1)^5}{x^2(x-2)}$

H $f(x) = x^2 \sin(x)$

I $f(x) = 2 - \sqrt{x}$

K $f(x) = \sin\left(\frac{1}{x}\right)$

L $f(x) = \sqrt{x + 2}$

M $f(x) = \frac{5(x+2)^2(x-2)}{(x-1)^3}$

N $f(x) = \frac{5(x+2)}{x}$

O $f(x) = -(x+2)^2$

O $f(x) = \frac{x}{(x-1)^3}$

P $f(x) = \sqrt{x - 2}$

S $f(x) = \frac{5(x+2)^2}{(x-1)^2}$

T $f(x) = (\sin(x))^2$

T $f(x) = \frac{x^3}{(x-1)}$

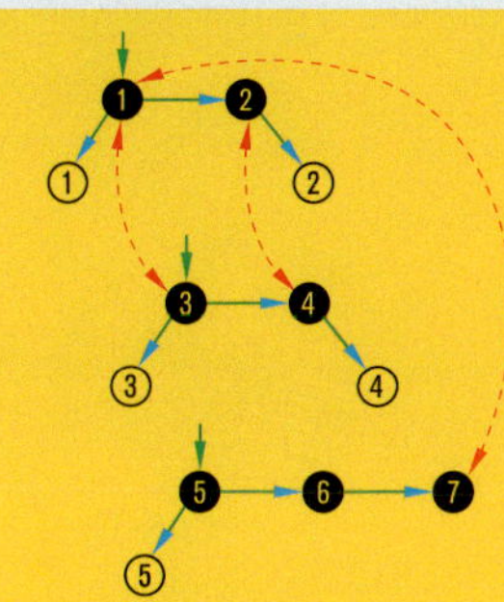

→ mögliche Einstige
→ inhaltliche Verknüpfungen
① Vertiefungen

2. Domino

Bringen Sie die 20 Dominosteine in die richtige Reihenfolge: Die rechte Seite jedes Steins entspricht dabei einer Frage oder einer Angabe, der Inhalt der linken Seite des folgenden Steins muss jeweils dazu passen. Einige Steine enthalten zudem Leerstellen, die richtig ausgefüllt werden müssen. Die aufgedruckten Buchstaben ergeben einen Satz, wenn Sie jeweils durch einen der beiden im Alphabet benachbarten Buchstaben ersetzt werden (Beispiel: „E" → „D" oder „F"; „A" → „Z" oder „B").

053-1 Arbeitsmaterial: Domino

START	L	Gebrochenrationale Funktion: Doppelte Nullstelle des ________	G_f hat eine waagrechte Asymptote mit der Gleichung $y = -\frac{1}{2}$	D	$f(x) = \sqrt{2x}$
$f'(x) = \frac{1}{\square \cdot \sqrt[4]{x^3}}$	L	Umformung zur Bestimmung der asymptotischen Kurve zu $f(x) = \frac{x^4 + 4x^2 + x + 4}{x^2 + 2}$	Nullstelle mit Vorzeichenwechsel	F	$f(x) = \frac{x^3 - 2}{2x}$

Die Eulersche Zahl e

Mit allgemeinen Exponentialfunktionen $f_a(x) = a^x$ ($a > 0$, $x \in \mathbb{R}$), lassen sich viele Wachstumsvorgänge sehr gut beschreiben.
Wir untersuchen spezielle Eigenschaften dieser Funktionenklasse.

CAS-Tipp
Zeichnen Sie Scharfunktionen mit Parameter a oder dynamische Funktionen mit Schieberegler für a.

Das müssen Sie auch ohne CAS können!

1 Zeichnen Sie die Graphen mehrerer typischer Exponentialfunktionen mit unterschiedlichen Basen a und beschreiben Sie qualitativ das Monotonieverhalten in Abhängigkeit von a.

2 Beschreiben Sie das Steigungsverhalten und vergleichen Sie es mit dem Verhalten der Funktionwerte für wachsende x-Werte.

3 Zeichnen Sie nun die Graphen von f_a und der zugehörigen Ableitungsfunktion f'_a in ein Diagramm. Vergleichen Sie das Aussehen beider Graphen für unterschiedliche Basen a. Ermitteln Sie jetzt einen Wert von a möglichst genau, für den sich eine Besonderheit vermuten lässt. Diese spezielle Basis nennt man die Eulersche Zahl e.

4 Zeigen Sie mithilfe der Definition der Ableitung, dass $f_a'(x) = c \cdot f_a(x)$ ist und geben Sie den Term an, mit dem c berechnet werden kann.

Alles kalter Kaffee

Der Abkühlvorgang einer heißen Tasse Kaffee (Tee, Kakao, Wasser ...) soll untersucht und mit einer natürlichen Exponentialfunktion beschrieben werden.

Für diesen Versuch benötigen Sie außer einer Tasse Kaffee noch ein Thermometer mit externem wasserfesten Temperaturfühler.

CAS-Tipp
An vielen CAS-Rechnern kann man die Temperatur mit Sensoren direkt erfassen.

1 Ermitteln Sie in sinnvollen Zeitabständen die Temperatur des Kaffees.

Zeit/min	0				
Temperatur/°C					

2 Verwenden Sie zwei Wertepaare – eines vom Anfang der Messreihe und eines aus der Mitte – um eine Exponentialfunktion mit Term $f(x) = a \cdot e^{bx} + c$ zu modellieren.

a) Veranschaulichen Sie an einer Skizze die Bedeutung der Parameter a und c.
Messen Sie den Parameter c.

b) Berechnen Sie nun aus den zwei Wertepaaren die Parameter a und b und stellen Sie damit die Exponentialfunktion auf. Zeichnen Sie diese zusammen mit *allen* Messwerten in ein Diagramm und untersuchen Sie Abweichungen.

3 Mit drei Wertepaaren lassen sich alle drei Parameter a, b und c direkt aus den Messwerten für die Kaffeetemperatur bestimmen. Modellieren Sie so die Exponentialfunktion und vergleichen Sie mit den Ergebnissen der Aufgabe 2b).

4 Mit exponentieller Regression lässt sich die Exponentialfunktion finden, die die geringste Abweichung zu allen Messwerten hat. Ermitteln Sie damit die beste Exponentialfunktion. Was unterscheidet diese Funktion von allen anderen vorherigen?

Ergebnisse

Ideen – Verfahren – Strategien	So geht's mit dem CAS

Die Umkehrfunktion der natürlichen Exponentialfunktion

1 Ermittlung der Umkehrfunktion

In Kapitel 5 haben Sie bereits ein Verfahren zur grafischen Ermittlung der Umkehrfunktion kennen gelernt.
Begründen Sie, warum die natürliche Exponentialfunktion f mit $f(x) = e^x$ auf ganz $D_f = \mathbb{R}$ umkehrbar ist und ermitteln Sie grafisch mithilfe Ihres CAS die Umkehrfunktion von f, die so genannte natürliche Logarithmusfunktion $ln: x \mapsto ln(x)$.

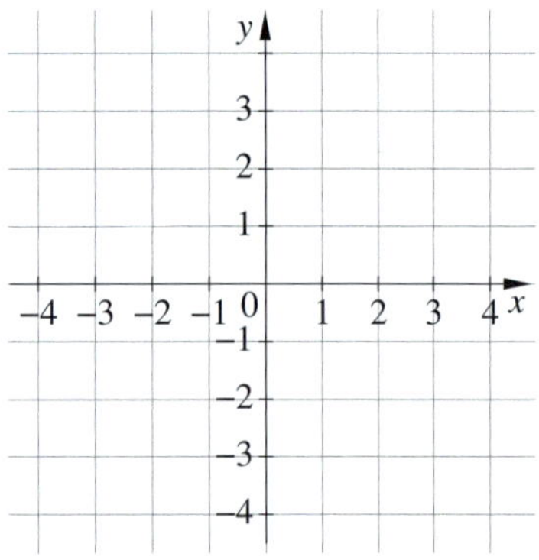

2 Eigenschaften der natürlichen Logarithmusfunktion

Geben Sie die Definitions- und die Wertemenge der natürlichen Logarithmusfunktion $ln: x \mapsto ln(x)$ sowie das Verhalten an den Grenzen des Definitionsbereichs und die Wertemenge an. Begründen Sie Ihre Aussagen kurz.
Betrachten Sie insbesondere den Graphen in den Intervallen [0; 10], [0; 100], …, $[0; 10^n]$ und beschreiben Sie Ihre Beobachtung.

3 Verhalten an den Grenzen

Bestimmen Sie einen Wert s, so dass für alle $x > s$ der Wert des Terms $\frac{ln(x)}{x}$ von 0 um weniger als 0,01 abweicht. Erläutern Sie Ihr Ergebnis.
Ermitteln Sie den Grenzwert $\lim\limits_{x \to \infty} \left(\frac{\ln(x)}{x^n}\right)$; $n \in \mathbb{R}^+$.
Erzeugen Sie einige Graphen der Funktionenschar $f_n: x \mapsto x^n \cdot ln(x)$; $n \in \mathbb{R}^+$ und ermitteln Sie den Grenzwert für $x \to 0^+$.

4 Funktionenscharen

Gegeben sind die Funktionen f_a mit $f_a(x) = ln(a \cdot x)$; $a \in \mathbb{R}$ und g_b mit $g_b(x) = b \cdot ln(x)$; $b \in \mathbb{R}$ mit maximaler Definitionsmenge.
Untersuchen Sie jeweils den Einfluss des Parameters a bzw. b auf den Verlauf des Graphen.
Betrachten Sie anschließend die Funktionenschar h_c mit $h_c(x) = ln(x) + c$; $c \in \mathbb{R}$.
Ermitteln Sie grafisch und rechnerisch, wie der Parameter c gewählt werden muss, um den Graph der Funktion f_3 mit $f_3(x) = ln(3x)$ zu erzeugen.
Verallgemeinern Sie Ihr Ergebnis: Welcher Zusammenhang besteht zwischen den Parametern a und c?
Ermitteln Sie eine weitere Zuordnungsvorschrift, die die Graphen der Funktionenschar g_b erzeugt.

CAS-Tipp
Verwenden Sie einen Schieberegler.

5 Die Ableitung der natürlichen Exponentialfunktion

a) Grafische Ermittlung der Ableitung der *ln*-Funktion

Bekanntermaßen lässt sich die Ableitungsfunktion grafisch über die Tangentensteigung ermitteln:

- Zeichnen Sie mithilfe Ihres CAS den Graph der natürlichen Logarithmusfunktion $f: x \mapsto \ln(x)$.
- Wählen Sie einen beliebigen Punkt P auf dem Graphen der Funktion f.
  Zeichnen Sie in diesem Punkt P die Tangente an G_f und messen Sie deren Steigung m.
- Erzeugen Sie ein Punktdiagramm aus der x-Koordinate des Punktes P und der Steigung m. Ermitteln Sie hieraus experimentell den Term der Ableitungsfunktion f'.

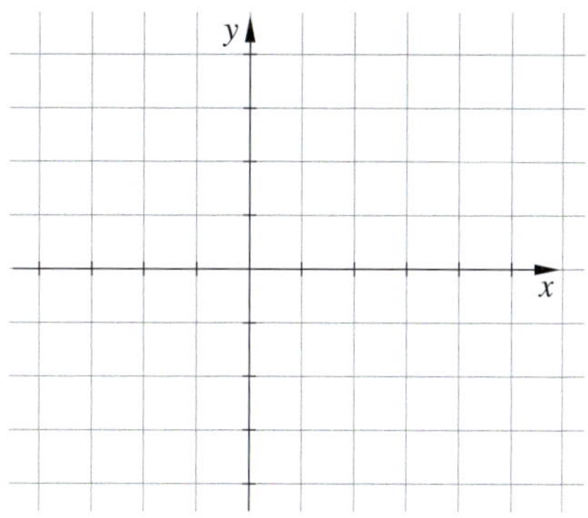

b) Geometrische Ermittlung der Ableitung der *ln*-Funktion

057-1

Der experimentell ermittelte Term aus Teilaufgabe a) soll nun geometrisch bewiesen werden:

- Zeichnen Sie mithilfe Ihres CAS den Graph der natürlichen Exponentialfunktion $g: x \mapsto e^x$.
- Wählen Sie einen beliebigen Punkt P auf dem Graphen der Funktion g und zeichnen Sie die Tangente t in diesem Punkt an G_g sowie das zugehörige Steigungsdreieck.
- Messen Sie die Länge der Katheten des Steigungsdreiecks. Wie verändern sich die Messwerte, wenn Sie den Punkt P entlang des Graphen bewegen?
- Spiegeln Sie nun den Graphen G_g, den Punkt P, die Tangente t und das Steigungsdreieck an der Winkelhalbierenden des I. und III. Quadranten. Welchen Graphen erhalten Sie?
- Zeigen Sie, dass die Steigung der gespiegelten Tangente $\frac{1}{g(x_P)}$ ist.
  Für welche Stelle ist dies beim gespiegelten Graph die Steigung?
  Wie lautet folglich der Term der Ableitung der *ln*-Funktion?

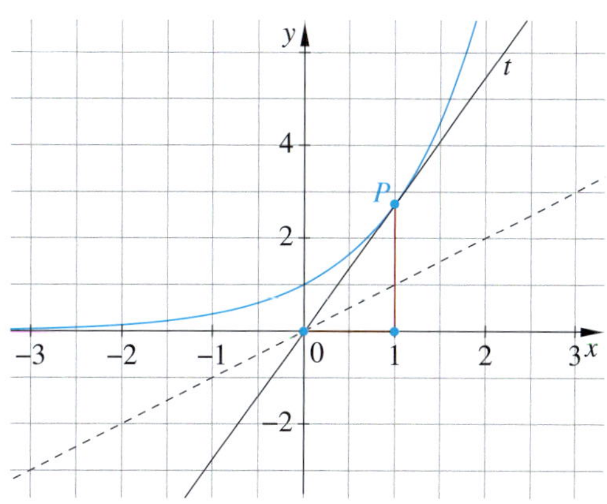

Hinweis:
Hier benötigen Sie DGS!

Ergebnisse

Ideen – Verfahren – Strategien	So geht's mit dem CAS

Verknüpfung von Funktionen mit der e- und ln-Funktion

1 Berechnen Sie ohne CAS die Ableitung der Funktion $f\colon x \mapsto ln\left(\frac{1}{x^2+1}\right)$.
Kontrollieren Sie Ihr Ergebnis, indem Sie den Graphen der Funktion f mit dem Funktionsplotter Ihres CAS zeichnen und mit dem Ergebnis Ihrer Rechnung vergleichen. Beschreiben Sie Ihr Vorgehen.

2 Die nebenstehende Abbildung zeigt den Graph einer Funktion f, sowie die Graphen ihrer Ableitungsfunktion f' und einer Stammfunktion F. Ordnen Sie die Graphen jeweils zu und begründen Sie ihre Zuordnung.
Finden Sie die zugehörigen Terme der Funktionen f, f' und F.

Tipp:
Die Funktion ist die Verknüpfung der e- und einer Potenzfunktion.

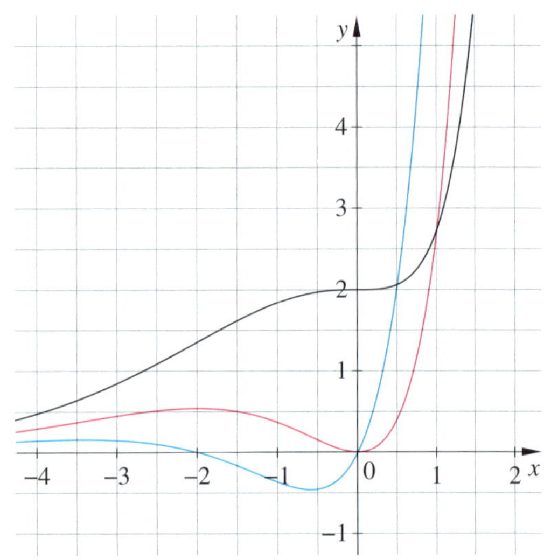

3 Ermitteln Sie mithilfe Ihres CAS die wesentlichen Merkmale der Funktionen mit den Termen:
- $f(x) = x^2 \cdot ln(x^2)$; $D_f = D_{max}$.
- $g(x) = (e^{\frac{x}{2}} - 2)^2$; $D_g = D_{max}$.
  Ermitteln Sie zusätzlich die Gleichung der Tangente an den Graphen der Funktion g im Punkt $P(0|g(0))$.
- $h(x) = \sqrt{ln(x) + 1}$; $D_h = D_{max}$.

4 Gedämpfte Schwingung

Bei der Fahrt über die Landstraße können die Stoßdämpfer eines Fahrzeugs durch eine Unebenheit im Straßenbelag zu gedämpften Schwingungen angeregt werden.

- Informieren Sie sich im Internet über die Merkmale einer gedämpften Schwingung.
- Bei einem (sehr schlechten) Stoßdämpfer lässt sich die Schwingung durch folgende Funktion beschreiben:

  $f\colon x \mapsto 5 \cdot e^{-\frac{x}{5}} \cdot \cos(1{,}5 \cdot x);\ x \geq 0.$

  Betrachten Sie den Graph der Funktion f und untersuchen Sie den Einfluss und die Bedeutung der Zahlenwerte.
- Die Einhüllenden der Funktion f sind die Funktionen $h_1(x) = 5 \cdot e^{-\frac{x}{5}}$ und $h_2(x) = -h_1(x)$. Erzeugen Sie die Einhüllenden der Funktion f und beschreiben Sie deren Verlauf. Untersuchen Sie grafisch, ob diese Einhüllenden durch die Hoch- bzw. Tiefpunkte des Graphen von f verlaufen.

059-1

5 Auswirkungen der *e*- und *ln*-Funktion auf andere Funktionen

Gegeben sind die Funktionen $f\colon x \mapsto x + 1$ und $g\colon x \mapsto \frac{x}{x-1}$ jeweils mit maximaler Definitionsmenge.

Untersuchen Sie sowohl grafisch als auch rechnerisch mithilfe Ihres CAS die Auswirkungen auf den Verlauf des jeweiligen Funktionsgraphen, wenn auf f bzw. g folgende Funktionen angewandt werden:

- $ln(\ldots)$
- $e^{(\ldots)}$
- $(\ldots)^2$
- $\frac{1}{(\ldots)}$

Verfahren Sie analog mit einer selbst gewählten Funktion h.

Hinweis:
Eignet sich für arbeitsteiligen Gruppenunterricht.

Ergebnisse

Ideen – Verfahren – Strategien	So geht's mit dem CAS

Rechnen mit Vektoren – so geht's mit dem CAS

Ein CAS-Rechner kann helfen, mit Objekten der Geometrie rechnerisch umzugehen. In den Aufgaben dieser Seite haben Sie die Gelegenheit, dies am Rechner zu üben. Ein besonderer Vorteil bei der Nutzung eines CAS-Rechners besteht in der Möglichkeit des Erzeugens von Modulen für bestimmte Zwecke (etwa für die Bestimmung des Mittelpunktes einer Strecke).

1 Informieren Sie sich, wie Sie auf Ihrem CAS-Rechner Vektoren eingeben und damit rechnen.

2 Gegeben sind die Punkte $A(-2|-6|3)$, $B(9|-2|10)$ und $C(1|3|7)$.

a) Bestimmen Sie die Vektoren $\overrightarrow{AB}$, $\overrightarrow{BC}$, $\overrightarrow{AC}$.

b) Verifizieren Sie damit, dass für die Vektorkette $\overrightarrow{AB} + \overrightarrow{BC} + \overrightarrow{CA} = \vec{0}$ gilt.

c) Bestimmen Sie die Längen der drei Vektoren aus Teilaufgabe a).

d) Ermitteln Sie die Koordinaten der Mittelpunkte der Strecken $[AB]$, $[BC]$ und $[CA]$.

e) Zum reellen Parameter a ist nun jeweils der Punkt $(9-8a|-2+5a|10-3a)$ gegeben. Berechnen Sie (in Abhängigkeit von a) die Entfernung $d(a)$ vom Punkt A. Für welche a ist $d(a)$ gerade so groß wie die Länge der Vektoren $\overrightarrow{AB}$ und $\overrightarrow{AC}$? Für welches a ist diese Entfernung minimal?

3 Zusatzaufträge für Spezialisten:

a) Erzeugen Sie auf Ihrem CAS-Rechner eine Funktion, die die Länge des Verbindungsvektors zweier Punkte angibt.

b) Erzeugen Sie auf Ihrem CAS-Rechner eine Funktion, die zu einer durch ihre Endpunkte gegebenen Strecke die Koordinaten ihres Mittelpunktes bestimmt.

c) Fertigen Sie ein Programm an, welches bei der Eingabe der Koordinaten von n Punkten im $\mathbb{R}^3$ die Länge der Vektorkette der einzelnen Verbindungsvektoren bestimmt.

4 Betrachten Sie eine dreiseitige Pyramide $ABCS$, deren Spitze S auf der x_3-Achse beweglich ist. Untersuchen Sie, wie das Volumen der Pyramide von der Lage von S abhängt:

a) $A(-2|3|-4)$, $B(4|2|-4)$, $C(0|-2|-4)$

b) $A(1|1|-1)$, $B(5|1|-3)$, $C(7|5|-2)$

c) $A(3|-2|2)$, $B(3|2|1)$, $C(3|5|4)$

061-1

CAS-Tipp
Informieren Sie sich, wie Sie mit Ihrem CAS-Rechner das Kreuzprodukt und das Skalarprodukt zweier Vektoren erhalten.

Ergebnisse

Ideen – Verfahren – Strategien	So geht's mit dem CAS

Optimierungsaufgaben

Die Widerspenstige Schachtel

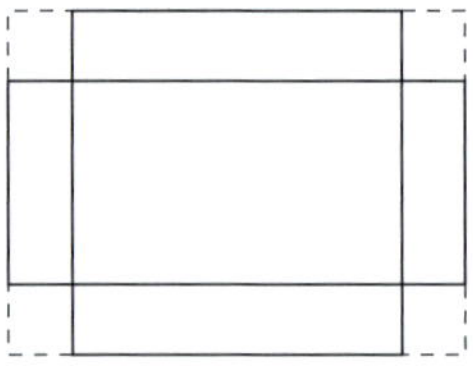

Aus einem rechteckigen Stück Pappkarton soll durch Hochklappen von vier Seitenwänden eine quaderförmige Schachtel gebaut werden.

Das müssen Sie auch ohne CAS können.

1 Stellen Sie einen Term für das Schachtelvolumen in Abhängigkeit von der Seitenwandhöhe und den Seitenlängen des Pappkartons auf. Geben Sie auch einen sinnvollen Definitionsbereich an. Einen Deckel soll die Schachtel noch nicht haben.

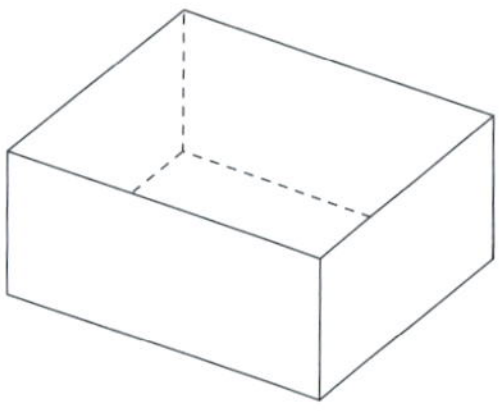

2 Verwendet wird nun ein Pappkarton im DIN A4-Format. Begründen Sie mithilfe eines geeigneten Funktionsgraphen, dass es ein maximales Schachtelvolumen gibt und bestimmen Sie dieses möglichst genau.
Welche Bedeutung haben die beiden Nullstellen des Terms anschaulich?

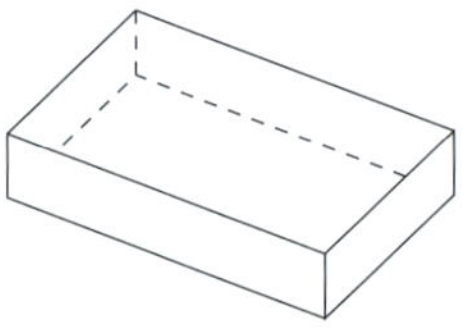

oder

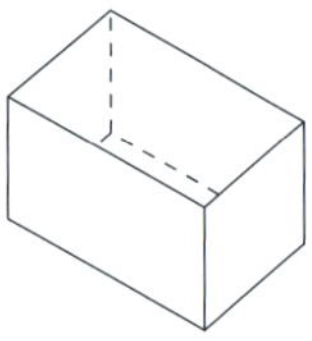

?

3 Ermitteln Sie, wie viel Prozent des A4-Pappkartons bei der Schachtel mit maximalem Volumen ungenutzt (rot im Bild) bleiben. Untersuchen Sie das Verhalten dieses Verlusts für andere Seitenverhältnisse.

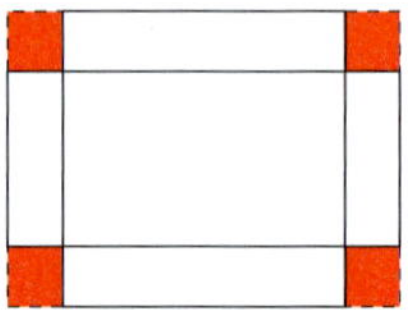

4 Variieren Sie die Aufgabe, indem Sie z. B.

a) noch einen Klappdeckel mit einbauen,

b) den Deckel aus mehreren Teilen zusammengesetzt erlauben,

c) Falze mit fester Breite berücksichtigen, usw.

Begegnung am Badesee

Ein Motorboot fährt mit der Geschwindigkeit $6\,\frac{\text{m}}{\text{s}}$ in Richtung Osten, ein Surfer mit $2\,\frac{\text{m}}{\text{s}}$ in Richtung Norden.
Zu Beginn befindet sich das Motorboot 50 m, der Surfer 10 m von der Stelle entfernt, an der sich ihre Kurse kreuzen.
Wie groß ist die kleinste Entfernung, auf die sich die beiden nähern?

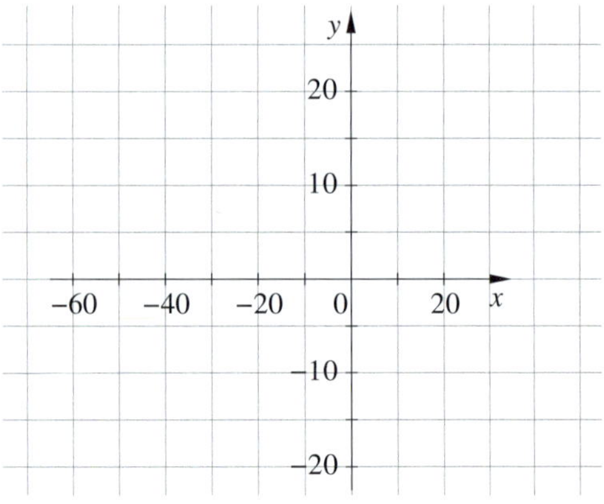

Der optimale Maßkrug

Maßkrüge sind industrielle Massenware. Daher ist es von wirtschaftlicher Bedeutung, sie darauf hin zu untersuchen, ob bei ihrer Herstellung der Materialverbrauch minimiert wird.

- Vom Henkel ist bei der Minimierung abzusehen: Seine Form und Größe sind durch den Nutzungskomfort vorgegeben.
- In den ersten beiden Schritten kann vereinfachend davon ausgegangen werden, dass bei minimaler Oberfläche auch der Materialverbrauch optimiert ist.

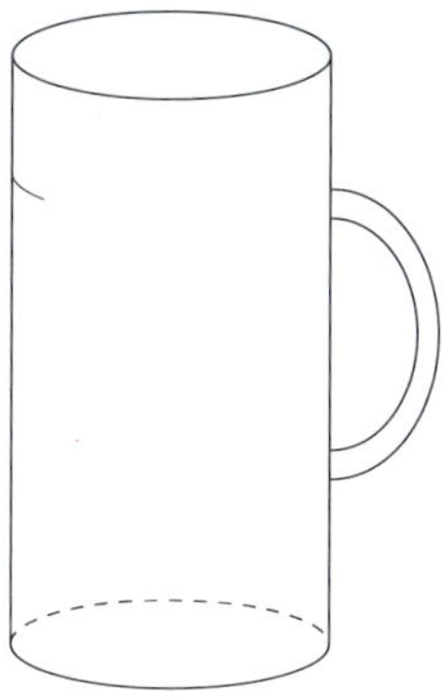

a) Schritt 1:
Der Maßkrug, der natürlich exakt 1 Liter fassen soll, wird vollständig bis zum oberen Rand gefüllt. Ermitteln Sie die optimalen Werte für Höhe und Durchmesser.

Ergebnisse: ______________________________

b) Schritt 2:
Die Eichmarke des 1-Liter-Maßkruges soll aus Gründen der Trinkergonomie genau 4 cm unterhalb der Oberkante des Maßkruges liegen. Bestimmen Sie unter dieser Bedingung die optimalen Werte für Höhe und Durchmesser.

Ergebnisse: ______________________________

c) Schritt 3:
Untersuchen Sie nun einen realen Maßkrug.
Aus fertigungstechnischen Gründen und auch aus Gründen der Stabilität sind die Dicke der Wand und die Dicke des Bodens vorgegeben. Der prozentuelle Volumenanteil der Dekorationen (Mulden in Wand und Boden) ist durch einen konstanten Wert abzuschätzen.

Annahme 1:
Aus den genannten Gründen sind die **absoluten** Werte von Wanddicke und Glasboden sowie die Entfernung der Eichmarke vom oberen Rand so festgelegt, wie sie einem realen Maßkrug zu entnehmen sind. Werden unter diesen Voraussetzungen Maßkrüge materialminimal hergestellt?

Ergebnisse: ______________________________

Annahme 2:
Aus den genannten Gründen sind die **relativen** Werte von Wanddicke und Glasboden sowie die Entfernung der Eichmarke vom oberen Rand so festgelegt, wie sie einem realen Maßkrug zu entnehmen sind (die Wanddicke als fester Prozentsatz des Durchmessers, die Dicke des Bodens sowie die Entfernung der Eichmarke vom oberen Rand als feste Prozentsätze der Höhe des Maßkruges). Werden unter diesen Voraussetzungen Maßkrüge materialminimal hergestellt?

Ergebnisse: ______________________________

Die Designerdose

Ein Unternehmen der Nahrungsmittelindustrie will ein neues Trendprodukt in einer kegelförmigen Dose (Größen: 200 ml und 500 ml) auf den Markt bringen. Wie sollten die Abmessungen gewählt werden, damit der Materialverbrauch bei der Herstellung einer Dose jeweils minimal ist?
Betrachten Sie zunächst vereinfachend lediglich die Oberfläche.
Untersuchen Sie dann, wie bei einer Dose die Verbindungen an den Nahtstellen gelöst sind und erweitern Sie Ihr Modell entsprechend.
Vergleichen Sie die resultierenden Formen der beiden Dosengrößen.
Ergebnisse:

	einfaches Modell	reales Modell
$V = 200\,\text{ml}$		
$V = 500\,\text{ml}$		

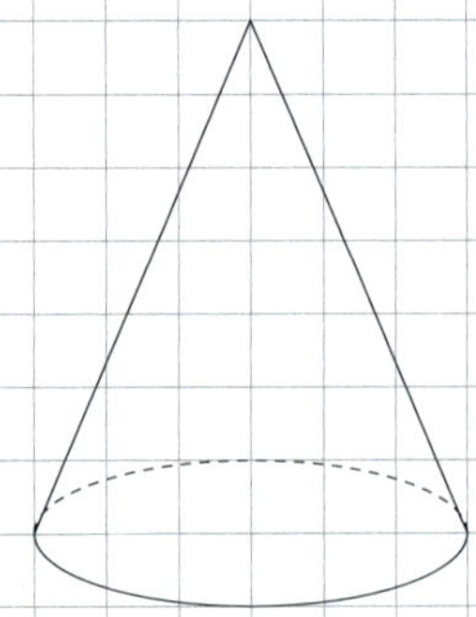

Platz für Skizzen

Offshore-Windpark

Ein 3 km vor der Küste gelegener Offshore-Windpark (Punkt W) soll durch ein geradlinig auf dem Meeresboden verlegtes Kabel zunächst mit einem Übergabepunkt A an der Küste und von dort aus durch ein weiteres geradlinig verlaufendes Kabel entlang der Küstenlinie mit einer kleinen Siedlung (Punkt B) verbunden werden. Ferner betrage die Entfernung zwischen der kleinen Siedlung und dem Punkt F 10 km, siehe Skizze.

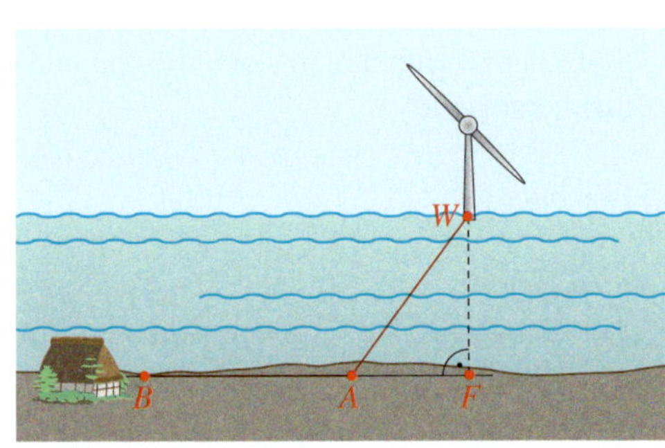

Die Baukosten für das unter Wasser verlaufende Stück betragen 2000 € pro km, für das an der Küste entlang verlaufende Stück 1500 € pro km. Wo muss A liegen, damit die Gesamt-Baukosten minimal werden und wie hoch sind sie dann?

Sie können alle Rechnungen mit dem CAS-Rechner durchführen. Überlegen Sie sich jedoch eine geeignete Darstellung Ihres Vorgehens auf Papier.

Transportprobleme

1 Von einem Kanal der Breite a geht rechtwinklig ein Kanal der Breite b ab. Wie lang darf ein Balken höchstens sein, der von einem Kanal in den anderen geflößt werden soll? (Zahlenbeispiele: $a = 10\,\text{m}$ und $b = 6\,\text{m}$; vernachlässigen Sie die Dicke des Balkens.)

2 In einem Haus treffen zwei Flure rechtwinklig aufeinander. Einer ist 1,40 m breit, der andere 1,90 m. Um diese Ecke muss ein Schrank, der 3,50 m lang und 55 cm breit ist, getragen werden. Kann das gelingen?

065-1
Visualisierung

Dynamische Tangenten

Bestimmen Sie für die Funktion mit dem Term $f(x) = \frac{1}{3}x^4 - 3x^2 + 9$ die Gleichung der Tangente an einer Stelle a.
Stellen Sie den Graph der Funktion zusammen mit einigen Tangenten dar.
Welchen Bereich auf der y-Achse überstreichen die Tangenten, wenn die Stelle a den ganzen Definitionsbereich $D = \mathbb{R}$ durchläuft?
Formulieren Sie zunächst anhand des gezeichneten Graphen eine Vermutung und überprüfen Sie diese dann rechnerisch.

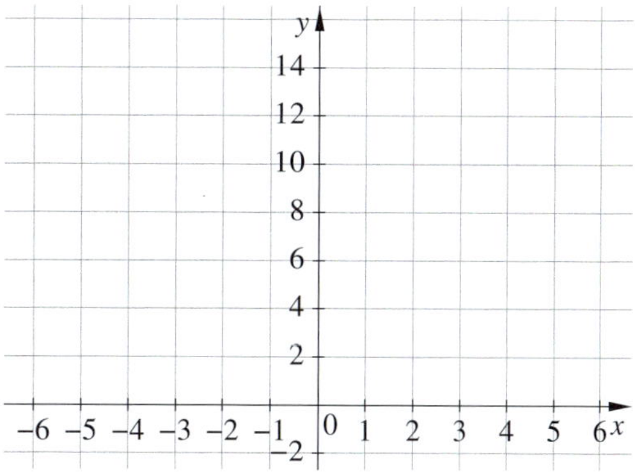

Ergebnisse

Ideen – Verfahren – Strategien	So geht's mit dem CAS

Optimierung bei mehr als einer Unbekannten*

1 Welche Abmessungen muss ein Quader mit der Oberfläche $100\,\text{cm}^2$ haben, damit sein Volumen maximal groß wird?

Zielfunktion: $V = xyz$ (alle Maße in cm, cm^2 bzw. cm^3)

Nebenbedingung: $2xy + 2xz + 2yz = 100 \Rightarrow z = \frac{50 - xy}{x + y}$

Also ist zu optimieren: $V(x, y) = xy\frac{50 - xy}{x + y}$ mit $x > 0$, $y > 0$ und $z > 0 \Leftrightarrow xy < 50$.

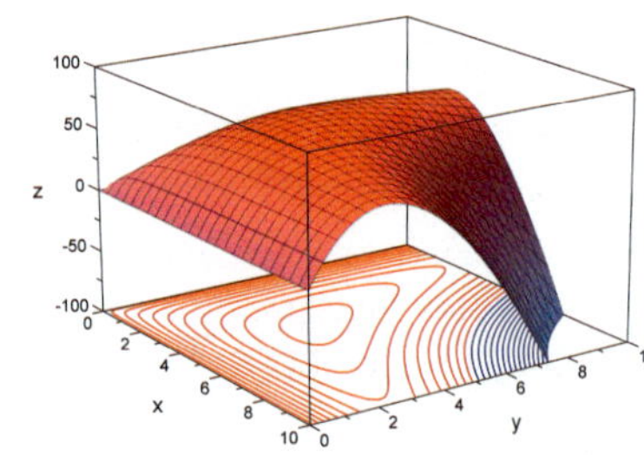

Die Abbildung rechts zeigt in Abhängigkeit von x und y den Wert des jeweiligen Volumens als Höhe (z-Koordinate) sowie darunter ein „Höhenlinienbild". Kennt man die optimalen Werte x_{opt} und y_{opt}, so kann man mithilfe der beiden Kurven zu $V_1(x) = V(x, y_{\text{opt}})$ und $V_2(y) = V(x_{\text{opt}}, y)$ ein Kriterium zur Bestimmung von x_{opt} und y_{opt} entwickeln: Da $V_1(x)$ bei x_{opt} ein lokales Extremum hat, muss $V'_1(x_{\text{opt}}) = 0$ sein, ebenso $V'_2(y_{\text{opt}})$. Dabei wird V_1 nach x, V_2 nach y abgeleitet. Um dies zu kennzeichnen, verwendet man die Schreibweisen $\frac{dV_1}{dx}(x)$ und $\frac{dV_2}{dy}(y)$. Ersetzt man nun V_1 und V_2 wieder durch V, so erkennt man:

Beispiel:
Für $f(x, y) = x^2y^3 + x$ ist $\frac{\partial f}{\partial x}(x, y) = 2xy^3 + 1$ und $\frac{\partial f}{\partial y}(x, y) = 3x^2y^2$.

Wenn man ein Wertepaar $(x_{\text{opt}}, y_{\text{opt}})$ gefunden hat, für das sowohl die Ableitung von $V(x, y)$ nach x (wobei y als konstanter Parameter betrachtet wird) als auch die Ableitung von $V(x, y)$ nach y (mit x als konstantem Parameter) den Wert Null haben, dann kann an diesem Punkt ein lokales Extremum vorliegen. Diese beiden Ableitungen nennt man **partielle Ableitungen** von V nach x bzw. y. Für sie verwendet man die Symbole $\frac{\partial V}{\partial x}(x, y)$ und $\frac{\partial V}{\partial y}(x, y)$.

Für das betrachtete Beispiel ergeben sich die Forderungen $\frac{\partial V}{\partial x}(x, y) = \frac{-x^2y^2 - 2xy^3 + 50y^2}{(x + y)^2} = 0$ und $\frac{\partial V}{\partial y}(x, y) = \frac{-x^2y^2 - 2x^3y + 50x^2}{(x + y)^2} = 0$, ein System aus zwei Gleichungen, das gelöst werden muss. Mithilfe des CAS erhält man $x_{\text{opt}} = y_{\text{opt}} = \frac{5}{3}\sqrt{6}$. Für diese Werte ergibt sich auch $z = \frac{5}{3}\sqrt{6}$, optimal ist hier also ein Würfel.

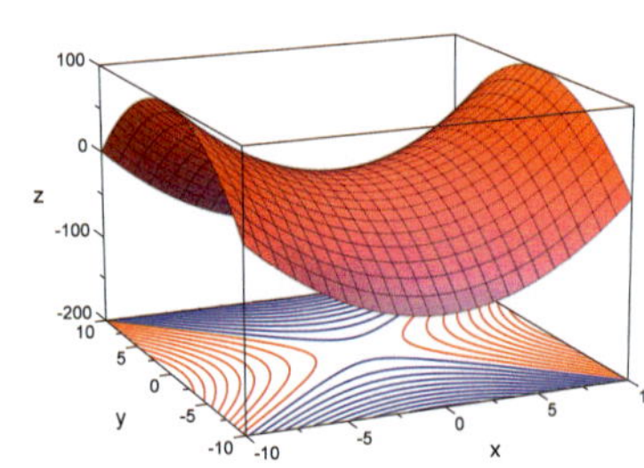

Das nebenstehende Bild für die Funktion mit $f(x, y) = x^2 - y^2$ zeigt, dass die verwendete Methode nicht in jedem Fall zu einem lokalen Extremum führt. Auch in einem sogenannten Sattelpunkt sind beide partiellen Ableitungen Null.
Also gilt lediglich als

notwendiges Kriterium für die Existenz eines lokalen Extremums:

$$\frac{\partial f}{\partial x}(x, y) = 0 \quad \textbf{und} \quad \frac{\partial f}{\partial y}(x, y) = 0.$$

Ein hinreichendes Kriterium, das wie im eindimensionalen Fall höhere Ableitungen verwendet, kann bewiesen werden, allerdings nur mit Mitteln, die weit über die der Schule hinausgehen. Als Abhilfe können Stichproben an einzelnen Punkten dienen.

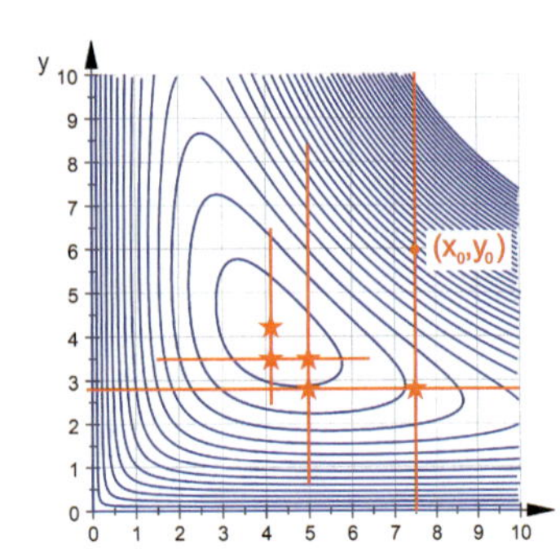

Das aus diesem Kriterium resultierende Gleichungssystem kann so komplex werden, dass sich auch mithilfe des CAS keine Lösung mehr finden lässt.
Die Abbildung rechts zeigt eine Methode, wie man in einem solchen Fall durch mehrere aufeinanderfolgende eindimensionale Optimierungen von einem Startpunkt (x_0, y_0) aus näherungsweise optimale Werte für x und y ermitteln kann. Beschreiben Sie diese Methode mit Worten.

* fakultativ

Anwendungen:

2 Trockenübung
Untersuchen Sie mit beiden beschriebenen Methoden die Funktionen mit den Termen
$f(x, y) = -2x^2 + 2xy - y^2 + 4y - 8$ und
$g(x, y) = -x^3 + 4x + y^2$ auf die Existenz von lokalen Extrema.

3 Optimale Milchtüte?
Finden Sie heraus, wie eine 1-Liter-Milchtüte gefaltet und geklebt wird.
Untersuchen Sie dann mathematisch, ob die Abmessungen so gestaltet sind, dass der Materialverbrauch bei der Herstellung minimiert wird.
Welche anderen Kriterien beeinflussen die zu verwendenden Maße außerdem?

4 Optimaler Standpunkt!
Ein Umspannwerk soll drei Orte A, B und C versorgen. In einem geeigneten Koordinatensystem sind die Koordinaten der Orte $A(0|0)$, $B(3|0)$ und $C(1|2)$. Finden Sie den optimalen Standpunkt für das Umspannwerk.
Falls Ihnen ein DGS zur Verfügung steht: Stellen Sie das Problem im DGS dar, suchen Sie damit nach dem optimalen Standpunkt und vergleichen Sie das Ergebnis Ihrer Rechnung mit diesem Resultat.

067-1
Geometrische Lösung: Fermatpunkt

5 Aus der Raumgeometrie
Welche Punkte auf der Kugel um den Mittelpunkt $M(4|2|4)$ mit dem Radius 5 haben vom Ursprung den größten, bzw. den kleinsten Abstand?

a) Beantworten Sie die Frage, indem Sie nach Extrema der Funktion suchen, die den Abstand eines Punktes auf der Kugel vom Ursprung in Abhängigkeit seiner Koordinaten x und y beschreibt (Achtung: Zwei Möglichkeiten).
b) Beantworten Sie die Frage anhand anschaulicher geometrischer Überlegungen.

Als Vereinfachung können Sie zunächst eine vergleichbare Situation im Zweidimensionalen untersuchen. Diesen Fall können Sie parallel zur Rechnung auch mithilfe eines DGS betrachten.

Ergebnisse

Ideen – Verfahren – Strategien	So geht's mit dem CAS

Modellieren mit Funktionen

Straßenverlauf

Ein Navigationssystem beschreibt Teile von Straßen als mathematische Kurven, um effizienter arbeiten zu können.

Finden Sie eine möglichst einfache ganzrationale Funktion, die den Verlauf der mit dem roten Pfeil gekennzeichneten Straße von A nach B beschreibt.

Überprüfen Sie die Qualität Ihrer Lösung, indem Sie den Graph der gefundenen Funktion in die Karte eintragen.

Ergebnisse

Ideen – Verfahren – Strategien	So geht's mit dem CAS

Splines*

Mithilfe von Splines lassen sich beliebige Kurven modellieren. Ein wichtiges Anwendungsgebiet ist etwa die Automobilindustrie. Splines helfen, Objekte am Computer zu beschreiben. Außer dass man sie damit leichter als am Zeichenbrett verändern kann, lassen sich auch mathematische Berechnungen durchführen. Das näherungsweise Beschreiben eines Kurvenverlaufs durch Splines wollen wir in dieser Aufgabe nachvollziehen.

Der Graph der Funktion $f\colon x \mapsto \frac{5}{1+x^2}$ beschreibt im Bereich $[-1; 3]$ den Verlauf einer Rutsche.
Dieser Verlauf soll im Folgenden durch andere Funktionen angenähert werden. Dazu werden fünf Punkte auf dem Graphen von f gewählt, sog. „Stützstellen“: $P_1(-1|2{,}5)$, $P_2(0|5)$, $P_3(1|2{,}5)$, $P_4(2|1)$ und $P_5(3|0{,}5)$.

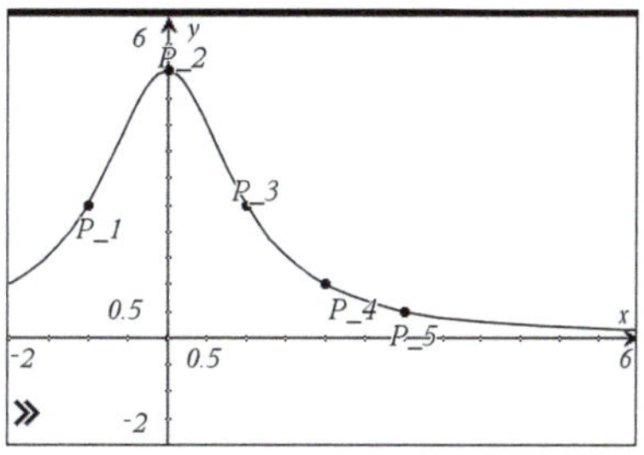

1 Interpolation:
Ermitteln Sie die Funktionsgleichung einer ganzrationalen Funktion (geeigneten Grades), welche durch die fünf Stützpunkte verläuft. Zeichnen Sie deren Graphen und bewerten Sie Ihre Lösung.

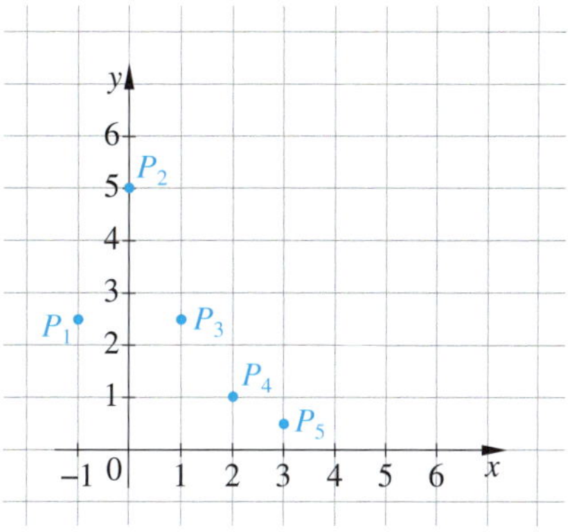

2 Polygonzug:
Die fünf Punkte sollen jeweils in den Teilintervallen $[-1; 0]$, $[0; 1]$, $[1; 2]$, $[2; 3]$ durch lineare Funktionsstücke verbunden werden.
Ermitteln Sie eine entsprechende Funktionsgleichung, zeichnen Sie den Graphen und bewerten Sie Ihre Lösung.

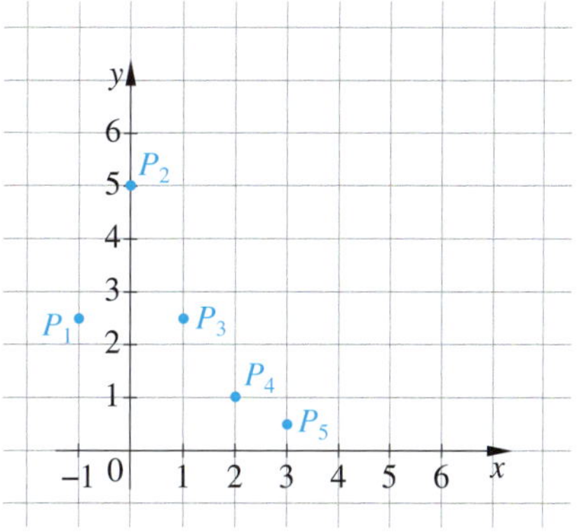

CAS-Tipp
Manche CAS können mit stückweise definierten Funktionen umgehen.

* fakultativ

3 **Quadratische Splines:**
Wiederholen Sie das Verfahren aus Aufgabe 2, nur mit dem Unterschied, dass Sie nun in den Teilintervallen quadratische Funktionen $q_k(x) = a_k \cdot x^2 + b_k \cdot x + c_k$ ($k = 1, 2, 3, 4$) verwenden.
Sie benötigen zur Lösung der entsprechenden Gleichungssysteme mehr Bedingungen als in Aufgabe 2, S. 63. Beachten Sie dabei, dass die Funktionsstücke an den Übergängen aneinander passen müssen. Dazu berücksichtigen Sie die Werte der Ableitungen entsprechend. Die Werte der Ableitungen bei $x = -1$ und $x = 3$ müssen Sie aus der obigen Zeichnung ermitteln. Zeichnen Sie die von Ihnen ermittelten Splines und bewerten Sie Ihr Ergebnis.

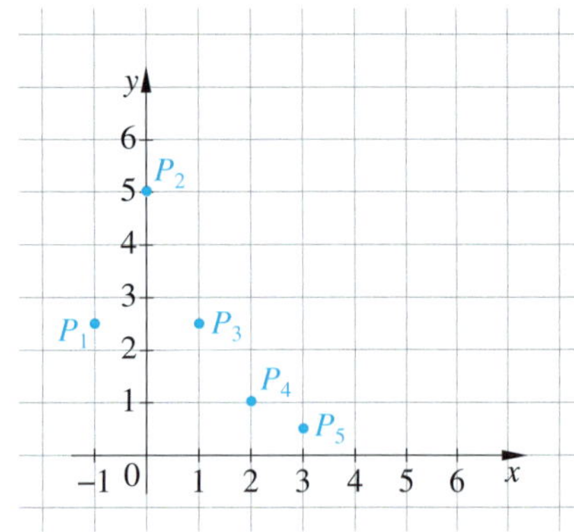

4 **Kubische Splines:**
Führen Sie das Verfahren nun mit kubischen Teilfunktionen
$s_k(x) = a_k \cdot x^3 + b_k \cdot x^2 + c_k \cdot x + d_k$
($k = 1, 2, 3, 4$) durch.
Berücksichtigen Sie nun auch jeweils Werte für die zweiten Ableitungen.
Zeichnen Sie die Splines und vergleichen Sie mit den bisherigen Ergebnissen.

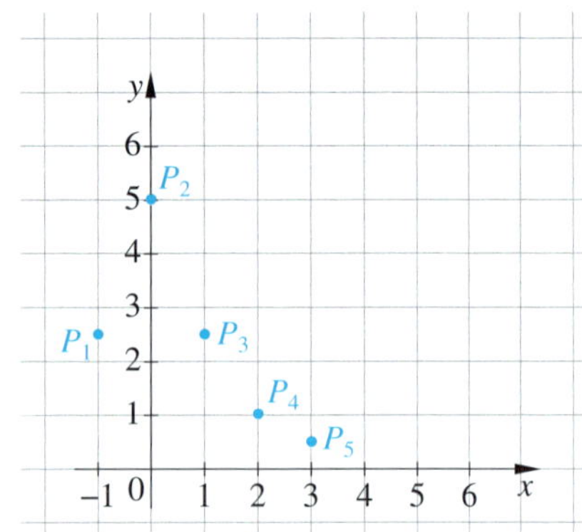

Splines in der Autoindustrie

Fertigen Sie ein Digitalfoto der Silhouette eines Autos an und beschreiben Sie diese durch Splines. Kleben Sie Ihr Foto hier ein und dokumentieren Sie knapp Ihr Ergebnis.

Regression*

1 Ein Experiment hat die in der Tabelle angegebenen Wertepaare ergeben. Zu bestimmen ist nun die Gleichung $y = mx + t$ einer Geraden, die möglichst optimal zwischen diesen Punkten verläuft.

x	1	2,5	4	6	6,5	8
y	3	2,5	4,5	4	6	6,5

Für die Suche nach optimalen Parametern dieser Geraden muss man sinnvoll den Gesamtfehler, der sich aus den einzelnen Abweichungen $y_i - f(x_i) = y_i - (mx_i + t)$ ergibt, berechnen. Bei der Addition der einzelnen Beiträge würden Abweichungen nach unten solche nach oben kompensieren, das ist nicht sinnvoll. Es gibt mathematische Gründe, die eindeutig zur Summe der Quadrate der Abweichungen als Maß für den Gesamtfehler führen.
Gesucht sind also die Werte der Parameter m und t, für welche die **quadratische Fehlerfunktion**

$$F(m,t) = (3 - (m \cdot 1 + t))^2 + (2{,}5 - (m \cdot 2{,}5 + t))^2 + (4{,}5 - (m \cdot 4 + t))^2 + \ldots$$
$$= \sum_{i=1}^{6} (y_i - (m \cdot x_i + t))^2$$

ihren kleinsten Wert annimmt. Diese können Sie mit der im Abschnitt "Optimierung bei mehr als einer Unbekannten" beschriebenen Methode berechnen. Stellen Sie die so erhaltene Gerade zusammen mit den Datenpunkten grafisch dar.
Diese Berechnung nennt man **lineare Regression**. Viele Computeralgebrasysteme beherrschen diese bestmögliche Anpassung des Terms nicht nur einer linearen Funktionen, sondern z. B. auch einer quadratischen Funktion, einer allgemeinen Potenzfunktion oder einer allgemeinen Exponentialfunktion.

2 Die nebenstehende Tabelle zeigt das Wachstum einer Heuschreckenpopulation, die sich ungebremst vermehren kann.

Tag	1	2	3	4	5	6
Anzahl	35	80	180	440	940	2250

Bestimmen Sie den Funktionsterm, der dieses Wachstum optimal beschreibt. Vergleichen Sie das Ergebnis mit dem, das man erhält, wenn man die Parameter einer allgemeinen Exponentialfunktion mithilfe der ersten beiden Wertepaare ermittelt.

3 Die folgende Tabelle zeigt den Zusammenhang zwischen der wirkenden Kraft und der resultierenden Dehnung eines Gummiseils. Bis zu etwa welcher Belastung verhält sich dieses Gummiseil wie eine ideale Feder? Bestimmen Sie für diesen Bereich die Federkonstante.

F in N	0,0	1,0	2,0	3,0	4,0	5,0	6,0	7,0	8,0	9,0	10,0	11,0	12,0	13,0
s in cm	0,0	1,6	2,9	4,4	7,1	11	14	23	33	40	49	53	54	56

Info:
Bei einer idealen Feder ist die wirkende Kraft direkt proportional zur bewirkten Dehnung: $F \sim s$.

4 Im Jahre 1618 entdeckte der Astronom Johannes Kepler das dritte der nach ihm benannten Kepler'schen Gesetze, das den Zusammenhang zwischen den Abständen der Planeten von der Sonne und ihren Umlaufzeiten beschreibt. Seiner Arbeit lagen die Daten von Tycho Brahe, Keplers Vorgänger am Prager Observatorium, zugrunde.
Ermitteln Sie aus den Daten in der Tabelle dieses dritte Kepler'sche Gesetz.

Planet	Entfernung $a/10^6$ km	Umlaufdauer T/Tage
Merkur	57,9	88
Venus	108,2	225
Erde	149,6	365
Mars	227,9	687
Jupiter	778,3	4392
Saturn	1427	10753
Uranus	2870	30660
Neptun	4497	60150

* fakultativ

Übersicht: CAS-Kompetenzen

In der folgenden Tabelle sind Grundkompetenzen im Umgang mit dem CAS zusammengestellt, die bei der Arbeit mit diesem Heft geschult werden. Die zweite Spalte gibt an, in welchen Abschnitten sie jeweils eine wichtige Rolle spielen. Angaben in Klammern bezeichnen für die Kapitel 1, 3 und 5 jeweils die entsprechende Station, für die Kapitel 2, 4, 6 und 8 bzw. deren Unterkapitel die jeweilige Seite.

Kompetenz	Abschnitte
Ableitung bilden	2.1; 2.3; 2.4; 3.1(2,4); 3.2; 5(2,4); 6.1(1); 6.3; 8(1,7,10)
Dynamische Geometrie verwenden	1(3,4); 6.2(2)
Funktion stückweise definieren	1(6); 2.1(1); 8(8,9)
Funktionenschar darstellen	2.4; 3.1(2); 2(2); 6.1(1); 6.2(1)
Funktionsterm anpassen	1(1,2); 2.3(1); 5(5,7)
Gleichung lösen	2.3(2); 3.1(1,4); 3.2; 5(1,2); 6.3; 7; 8(1-4,7)
Gleichungssystem lösen	5(7); 6.1(2); 8(5-10)
Graph darstellen	1(1,3-5); 2.1; 2.2; 2.3; 2.4; 3.1(1,3-5); 3.2; 5(1,2,5,6); 6.1(2); 6.2; 6.3; 8(1,8-10)
Grenzwert bestimmen	1(4,6); 2.3(2); 3.1(2); 5(6); 6.1(1); 6.2(1); 6.3; 8(2-4)
Histogramm erzeugen	4(1)
In einem Term ersetzen	3.1(3); 3.2; 5(1,3); 8(1-6)
Liste erzeugen	4(3,4); 5(1)
Mit Vektoren rechnen	7
Punktdiagramm erstellen	1(2); 4(1,2); 6.1(2); 6.2; 8(8-10)
Regression durchführen	6.1(2); 8(10)
Skalarprodukt verwenden	7
Stammfunktion ermitteln	2.4(2); 3.1(5)
Tabellenkalkulation verwenden	1(1-3); 4(1-4)
Tangente einzeichnen	2.1(1); 2.2; 3.2; 5(7); 6.2(2)
Term umformen	3.1(3,5); 5(3-6)
Terme vergleichen	5(3,4,7)
Ungleichung lösen	3.1(2,4)
Vektor definieren	7
Vektorprodukt verwenden	7
Wertetabelle erstellen	2.2; 3.1(1)
Zufallszahlen erzeugen	4(1)